冈底斯中段岗讲斑岩铜钼矿床地质特征及成矿预测

杨　震　著

中国矿业大学出版社
·徐州·

内 容 提 要

　　本书以冈底斯成矿带中段岗讲斑岩铜钼矿床为研究对象,主要介绍了矿床地质特征、侵入岩地球化学特征和成岩成矿年代学等,进而探讨了铜钼矿化富集规律和成矿机理;采用 EH-4 和高精度磁测技术,结合遥感、地球化学测量和激电测量数据的再处理,总结地质、地球化学、地球物理找矿标志,在矿区及其外围开展找矿预测评价工作,圈定了岗讲西部、白容南部、绒岗蒙西北部、夏庆中部和白容北部共 5 个靶区。岗讲矿床的精细解剖和深入研究,对孕育和丰富冈底斯碰撞造山带成矿理论具有重大科学意义;矿区及其外围的找矿预测,是该区实现"提质增储"的重要途径。本书适合成矿规律与成矿预测、矿床学、矿床地球化学等领域的专家学者阅读。

图书在版编目(CIP)数据

　　冈底斯中段岗讲斑岩铜钼矿床地质特征及成矿预测/
杨震著.—徐州:中国矿业大学出版社,2023.11
　　ISBN 978-7-5646-5798-7

　　Ⅰ.①冈…　Ⅱ.①杨…　Ⅲ.①斑岩矿床—钼铜矿—地
质特征—西藏②斑岩矿床—钼铜矿—成矿预测—西藏
　　Ⅳ.①P618.650.1②P618.410.1

　　中国国家版本馆 CIP 数据核字(2023)第 071465 号

书　　名	冈底斯中段岗讲斑岩铜钼矿床地质特征及成矿预测
著　　者	杨　震
责任编辑	周　红
出版发行	中国矿业大学出版社有限责任公司
	(江苏省徐州市解放南路　邮编 221008)
营销热线	(0516)83885370　83884103
出版服务	(0516)83885789　83884920
网　　址	http://www.cumtp.com　E-mail:cumtpvip@cumtp.com
印　　刷	苏州市古得堡数码印刷有限公司
开　　本	787 mm×1092 mm　1/16　印张 11　字数 281 千字
版次印次	2023 年 11 月第 1 版　2023 年 11 月第 1 次印刷
定　　价	66.00 元

(图书出现印装质量问题,本社负责调换)

前　言

　　西藏尼木岗讲铜钼矿床大地构造位于冈底斯陆缘火山-岩浆弧,成矿带上位于冈底斯带中段。矿床由一系列产于二长花岗斑岩中的板状次级铜钼矿体组成。本书将岗讲Cu-Ⅰ矿体作为主要研究对象,对矿体形态变化特征、成岩成矿年代学、矿化富集规律及成矿机理等进行重点研究,采用EH-4、高精度磁测技术,结合已有遥感、土壤地球化学测量、激电测量数据的再处理,在岗讲矿区及外围开展找矿预测评价工作。通过研究,所获得的主要成果及认识如下:

　　(1)岗讲Cu-Ⅰ矿体总体上由一系列近南北向、向西陡倾的板状次级矿体组成,矿体品位、厚度定量分析表明,品位数值为单峰分布,北段矿体厚度大于南段矿体,品位略低于南段矿体,矿体垂向上具有"上铜下钼"的分带特点。

　　(2)在充分分析岗讲矿区主要侵入岩体的矿物组成、主量及微量元素基础上,探讨了区内岩体的岩浆来源、形成的地质背景,对岩体的含矿性进行了评价。岗讲侵入岩体属于高钾钙碱性准铝质-弱过铝质I-S过渡型花岗岩,相对偏向S型。各岩体微量元素普遍富集Rb、Th、U、Sr等大离子亲石元素,相对亏损Nb、Ta、Zr等高场强元素,强烈亏损HREE、Y和Yb元素,稀土元素分配模式均表现为弱负铕异常的右倾斜轻稀土富集型,反映岩体之间相似的岩浆源区,形成于印度-亚洲大陆碰撞后的应力松弛伸展阶段;从元素富集角度对各岩体与成矿关系进行评价,认为二长花岗斑岩是主要的成矿母岩;岗讲矿区矿化斑岩与无矿化岩石微量元素对比研究表明,两者具有相似的稀土、微量元素分配模式,矿化斑岩ΣREE、$LREE/HREE$、$(La/Yb)_N$随着矿化强度的增强而表现为连续下降的趋势,暗示原岩与矿化斑岩的内在联系,微量元素在热液活动中呈比例迁出。

　　(3)系统的成岩成矿年代学研究表明,岗讲矿床二长花岗斑岩、花岗闪长斑岩和英云闪长玢岩LA-ICP-MS锆石U-Pb加权平均年龄分别为16.6 Ma±0.3 Ma(MSWD=0.94),16.1 Ma±0.2 Ma(MSWD=1.07),14.4 Ma±0.4 Ma(MSWD=1.12),结合野外地质调查,厘定出岗讲复式岩体侵入序列为含巨斑黑云母二长花岗岩→二长花岗斑岩→流纹斑岩(深部定名为英云闪长玢岩)→安山玢岩;12件辉钼矿样品获得的Re-Os同位素模式年龄加权平均值为13.4 Ma±0.1 Ma(MSWD=0.65),等时线年龄为13.6 Ma±1.6 Ma(MSWD=1.2),成矿时代为中新世,成岩成矿是一个连续的岩浆-热液演化过程,形成于印度-亚洲大陆碰撞造山后的伸展阶段。

（4）构建岗讲 Cu-I 矿体原生晕分带模式,垂向上表现为上部 Mn、Co、Sb、Cu,中部 Cu、Mo、Ni、Bi、W,下部 Zn、Ag、Pb,选取分带指数值 $(Cu \times Mo \times Sb)_D/(Pb \times Zn \times Ag)_D$ 作为构建深部找矿预测模型的指标,建立了岗讲矿床原生晕定量评价模型;围岩蚀变分带由内而外依次为钾-硅化带、黄铁绢英岩化带、泥化带和青磐岩化带,铜钼矿化主要发生于钾-硅化阶段,黄铁矿绢英岩化次之,多种蚀变带叠加是成矿的有利部位;划分矿床的形成阶段,包括岩浆期、热液期和表生期,岩浆期矿化规模大,但强度普遍偏低,热液期和表生期对铜钼矿化起到了明显的改造富集、次生氧化淋滤作用;关于矿床的形成机理,认为岗讲矿床的形成是印度-亚洲大陆碰撞后伸展阶段的构造-岩浆-成矿事件之一,铜钼矿化与中新世两期含矿热液活动息息相关,含矿热液沿岩体裂隙叠加贯入,多期次结晶分异最终形成品位较高的细脉-浸染状铜钼矿体;控矿构造、剥蚀深度、盖层性质最终导致岗讲与厅宫、白容、驱龙矿床在矿体品位、规模方面的差异。

（5）在总结岗讲矿区及外围找矿标志和找矿预测准则基础上,针对不同勘查区的研究程度、地质特征选取不同的勘查技术手段进行找矿预测,提出预测依据并对找矿远景区进行圈定和评价,认为岗讲 EH-4 剖面西侧的 D1 低阻异常空间上连续性好,为矿致异常的可能性较大;白容南部具有成为白容"第二条"东西向矿（化）带的潜力;绒岗蒙西北部遥感蚀变异常明显,野外踏勘发现规模较大的褐铁矿化带,显示出巨大的找矿前景;提出了白容北部寻找类似于汤巴拉矽卡岩型铜多金属矿的新思路,试验性 EH-4 剖面和高精度磁测剖面反映的深部异常位置与构建的白容-汤巴拉地质推测模型计算的理论深度基本一致。圈定的找矿远景区有待更进一步的勘查与研究工作,以期实现提质增储目的。

本书由安徽理工大学杨震所著,本书研究工作得到了矿山采动灾害空天地协同监测与预警安徽普通高校重点实验室开放基金项目（KLAHEI202208）、安徽理工大学博士人才引进基金项目（201711936）、西藏尼木铜多金属矿找矿评价研究项目（2010026410）等的资助,在此表示由衷感谢。另外,在项目研究中,导师赵鹏大院士、胡光道教授给予了悉心指导,陈守余教授、陈建国教授、张振飞教授、梅红波副教授、徐元进副教授、杨明国工程师、王学平副教授、刘星副教授、王正海副教授、赵江南副教授、张洁博士、于炳飞博士等提出了许多宝贵的意见和建议;在野外数据采集、数据整理与分析过程中,得到了姜华、王云凤、王光旺、张裴培、张黎黎、孙凯、方臣、熊涛、宋文、陈曦等提供的帮助。在此,一并向他们表示衷心感谢。

由于著者水平有限,书中不妥之处在所难免,恳请广大读者和同行不吝指正。

著　者

2023 年 8 月于安徽理工大学

目　　录

1　绪　　论

1.1　研究背景及意义

尽管我国已经步入工业化后期发展阶段,但是矿产资源仍然是未来一段时间我国经济社会发展最重要的物质基础[1]。面对资源需求的逐年上升和国际环境不确定因素的持续增加,为确保我国能源和矿产资源供应安全,需要我们居安思危,未雨绸缪。我国是制铜古国,却是缺铜大国。考古发现,大约在 5 700 多年前,我国就已经开始使用青铜器,所谓的青铜,是指铜锡或铜铅合金。然而到了宋代,由于铜料产量不足,当时的统治者们不得不面临一个尴尬的事实——铜币供应量不足。事实上,我国的铜资源储量并不匮乏,据美国地质调查局公布的数据,2021 年全球铜资源储量约 88 000 万金属吨,其中我国铜矿储量约 2 600 万金属吨,占比 2.95%,位列全球第九位。但是,随着中国经济的快速腾飞,国内市场对铜材料的需求不断增长,自 2005 年起,我国已至少连续 18 年成为全球最大的铜资源消费国。据《世界金属统计》数据,2021 年全球铜消费量达到 2 526 万金属吨,其中我国铜消费量达到 1 388 万金属吨,占比高达 55%。据预测,2025 年、2030 年及 2035 年,我国铜金属需求量将分别达到 1 520 万 t、1 630 万 t 和 1 535 万 t。在国内资源基础薄弱和供应能力受限的情况下,铜资源供应主要是依靠国外,数据显示,2021 年我国进口铜金属量为 585 万 t,对外依存度由 2010 年的 58% 增长至 2021 年的 77%,如此高的对外依存度,严重威胁了我国的铜矿资源的供应安全。在 2016 年中国地质调查局编著的《中国地质调查百项成果》中,将铜矿列为我国大宗紧缺矿种之一。未来,我国铜资源供应能力的提升空间主要在西部地区,保供能力突破需要相关政策的支持,一是要强化基础地质调查和勘查,夯实国内增储的资源基地;二是要推动勘查开采关键理论和技术创新,支撑西藏等高海拔和生态脆弱区的铜矿资源得到充分开发。总之,我国在进口铜矿资源的同时,更重要的是要努力争取更多自给铜矿资源储备。加大铜矿资源的找矿及地质研究工作力度,特别是要重视超大型、大型铜矿床及矿田、矿带的寻找和成矿理论研究,具有重要意义。

斑岩型成矿系统为全球提供了 75% 的铜、50% 的钼以及大量的铅锌等金属资源,由于其经济意义重大,长期以来一直是科学界研究的热点[2]。前人基于安第斯山成矿带大量的研究实例,构建了经典的斑岩成矿理论,包括深部的斑岩型、与碳酸盐岩地层接触的矽卡岩型,以及斑岩体顶部的浅成低温热液型,该成矿模式有效指导了全球范围的找矿勘探,并取得了巨大成功[3,4]。传统理论认为,斑岩型铜矿一般产于岛弧和陆缘弧环境,其形成与大洋板片俯冲有关[5-8]。但近些年来,学者发现这类矿床也可以产出于始新世(～45 Ma)碰撞造山环境,如青藏高原晚碰撞走滑环境下形成的规模巨大的玉龙斑岩铜矿带[9-13];亦可产出于中新世(17~13 Ma)后碰撞伸展环境,如冈底斯斑岩铜矿带[14-23]。冈底斯成矿带夹于班公错-怒江缝合带和雅鲁藏布江缝合带之间[图 1-1(a)],完整记录了古特提斯洋向南俯冲消亡、新特提斯洋向北俯冲消亡、印度-亚洲大陆碰撞造山等一系列重要地质事件[24-30]。随着国土资源大调查的不断深入,该带上陆续发现和评价了多个超大型-大型斑岩矿床[图 1-1(b)],如驱龙斑岩型铜矿[31-32]、甲玛斑岩-矽卡岩型铜多金属矿[33-39]、邦铺斑岩型钼铜矿[40-42]、朱诺斑岩型铜矿[42-44]。冈底斯成矿带矿产资源丰富,成矿类型多样,矿床成因复杂,区域的矿产资源为国家和地区的经济社会发展作出了重要贡献,区域丰富的地质现象和成矿特征为地质找矿研究提供了宝贵素材[45-47]。因此,立足冈底斯成矿带,以岗讲斑岩铜钼矿床的精细解剖为突破口,深入研究产于碰撞造山带环境的斑岩成矿系统,孕育和丰富造山带成矿理论,大幅增进对斑岩矿床成矿作用的全面认识和深刻理解,具有重大科学意义。

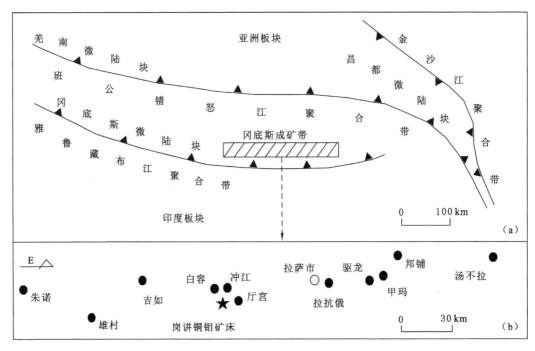

图 1-1 冈底斯带大地构造位置(a)和矿产分布(b)

岗讲铜钼矿床位于冈底斯成矿带中段,共探明(332+333)铜资源量 98.23 万 t,钼资源量 11.96 万 t,等值铜资源量 156.14 万 t;334 铜资源量 22.10 万 t,钼资源量 2.81 万 t,等值铜资源量 35.58 万 t,并伴随金、银、铅、锌等矿种,矿床有望达到大型以上规模,显示良好的找矿远景,在西藏冈底斯成矿带铜多金属资源中占据十分重要的位置。矿区位于西藏高海拔地区,当地经济水平异常低下,进一步加强岗讲铜钼矿床的勘查和开发工作,对促进拉萨乃至西藏自治区的经济建设,提高人民生活水平和劳动就业率,缓解云南铜业集团有限公司(下文简称云南铜业集团)对铜金属资源的迫切需求,具有重大现实意义。前期云南铜业集团和四川省冶金地质勘查院在矿区进行了大量的地质找矿工作,并取得了一定的成效,但是有色金属保有储量和质量仍有待提高,这使得在矿区内开展进一步的有针对性的地质勘查与找矿评价工作变得迫在眉睫。2010 年 8 月,在赵鹏大院士和胡光道教授的牵头带领下,中国地质大学(武汉)和云南铜业集团联合签订了"西藏尼木铜多金属矿找矿评价"项目研究,岗讲铜钼矿床是其中重点研究对象之一。以该项目为依托,以综合勘查与找矿评价为核心,在岗讲矿区重点开展了与成矿密切相关的侵入岩体地质地球化学特征、成岩成矿年代学研究,探讨区内侵入岩形成的地质背景以及成矿成矿过程,开展岗讲矿床原生晕地球化学研究,总结原生晕垂向分带特征,建立有效的原生晕找矿模型,在了解控矿因素、找矿标志、成矿机理的基础上,结合物探手段(EH-4 高频大地电磁成像系统、高精度磁测),在岗讲矿区及外围开展找矿预测工作,具有一定的研究和生产实际意义。

1.2　研究区概况

研究区位于西藏自治区拉萨市尼木县城北西方向约 20 km 处,距拉萨市约 150 km,主体属麻江乡管辖,南侧少部隶属帕古乡管辖。地理坐标:东经 89°56′00″～89°59′30″,北纬 29°33′00″～29°36′30″,总面积约 30 km²。

研究区属冈底斯山脉,山峦起伏、沟谷纵横。地势西高东低、北高南低。海拔高度 4 000～5 000 m,平均海拔 4 500 m,最高峰为西南部的觉母麦龙(5 916 m),次高峰在矿区中部(5 390 m)。属高原大陆性气候,以干燥、温差大、日照长为特征。年平均温度约 7 ℃,夏季温度可达 18～20 ℃。降雨集中在 6～9 月,2～4 月为风季,干燥少雨,11 月到次年 2 月为冬季,多积雪和冰冻。4～10 月适宜开展野外工作。

研究区居民以藏族为主,人口稀少,多集中在乡所在地及公路沿线附近,劳动力不足。经济以牧为主,农牧结合,民族手工业主要生产氆氇、藏香、藏纸、陶器等,名土特产品主要有白青稞、藏纸、藏香、高原畜产品与高原鱼类。尼木玛曲水利资源丰富,是工业、农业和牧业的主要水源,现有小型水电站 1 座,装机容量 250 kW,年发电量 25.7 kW·h。

研究区及其周边矿产资源丰富,产铜、钼、泥炭等,特别是斑岩型铜矿规模较大,厅宫铜矿正在开采,经济效益良好。总之,尼木地区水力、电力、矿产资源丰富,工业落后,矿产资源的开发利用,将为该区经济发展起重要作用。

1.3　研究区勘查、研究现状及存在问题

1.3.1　研究区勘查现状

1980 年以来,西藏地矿局物化探队、区调队和地质二队等,根据完成的 1∶50 万和 1∶20 万区域化探(曲水和南木林两个图幅)扫描成果,在尼木地区开展了找矿工作,并对尼木地区进行了化探异常二级查证工作,发现了岗讲在内的众多铜矿点和矿化点。

1998—1999 年,四川省冶金地质勘查院对尼木地区找矿远景进行了初步调查,认为该区有望成为十万吨级的铜矿基地。

2000—2008年,四川省冶金地质勘查院在尼木地区选择了岗讲等6个铜钼找矿靶区,并申请获得了探矿权。随即开展了相关的勘查评价工作,采用地质、物探、化探和遥感等多手段、多科学的技术路线,开展了水系沉积物测量、土壤测量、物探、遥感解译、重点地段的路线地质调查和矿点、异常点野外踏勘检查等工作。进而重点对岗讲、白容、渡布曲等矿区进行了预查-普查评价工作,认为尼木西北部地区是冈底斯成矿带上重要的斑岩铜矿化集中区,具有良好的找矿前景和巨大的资源潜力。

2009年,四川省冶金地质勘查院、云南铜业集团拉萨天利矿业有限公司合作,对各个矿区进行了深入的地质勘查,其中岗讲矿区是重点勘查区,已进行了1:5万水系沉积物测量、1:2.5万土壤地球化学测量、1:2.5万激电测量和1:1万、1:2千地质测量等,同时进行了以钻探为主,坑探和地表槽探为辅的勘查工作等。

2010年以来,中国地质大学(武汉)和云南铜业集团拉萨天利矿业有限公司合作,在矿区开展了矿床地质、遥感构造解译、岩石地球化学、成岩成矿年代学等研究,总结了矿化富集规律和成矿机理,同时采用高频率大地电磁成像系统(EH-4)、高精度磁测技术,结合已有土壤地球化学测量、激电测量数据,在岗讲矿区及外围开展了找矿预测评价工作。

1.3.2 研究区研究现状

前人在岗讲矿区开展了部分研究工作,矿区地质特征方面,胡光龙[48]对矿区地质特征及地质找矿问题进行了较全面总结。矿区侵入岩地球化学方面,冷成彪等[49]对岗讲矿床部分侵入岩时代和区域成矿背景进行了研究;杨震等[50]对岗讲矿床成岩成矿年代学进行研究,厘定了岩浆-热液-成矿序列;姜华等[51]对矿区岩浆岩侵入期次和找矿潜力作了较全面的阐述。成矿机理方面,杨震等[52]在全面总结矿床地质特征的基础上,初步探讨了矿床形成机理;田丰等[53]认为富挥发性岩浆补给对岗讲斑岩铜钼矿床的形成起到关键作用。找矿技术手段和找矿预测方面,杨震等[54]、杨明国等[55]利用EH-4技术在矿区开展实验性物探剖面测量,解译结果与已知探矿工程见矿吻合度较高,验证了该手段在该区开展找矿工作的有效性。遥感地质方面,田丰等[56]采用短波红外光谱技术有效识别出岗讲斑岩矿床蚀变和矿化结构以及成矿流体性质,进而建立该地区找矿的光谱指标。

在紧邻岗讲矿区的厅宫、冲江矿区也有相关研究,王小春等[57]、徐德章[58]对厅宫铜矿地质、地球化学特征进行了研究;李金祥等[59]对厅宫、冲江矿床成矿同位素年龄及成矿地质背景进行了研究;郑有业等[60]也根据地质特征和区域背景认为冲江矿床具有大型以上规模;刘波等[61]根据冲江矿区岩浆岩矿物的热光谱特征提出含矿岩性识别的一些标志;孔牧等[62]对冲江及外围的找矿前景,主要根据化探资料进行了评价;晏子贵等[63]重点针对冲江、厅宫矿床,研究了尼木地区斑岩铜矿地质特征和找矿标志;孟祥金等[64]针对冲江铜矿进行了流体包裹体及成矿作用的研究。

以冈底斯成矿带中、东段区域地质、成矿背景、矿床特征和成矿规律为主题的科学研究,自20世纪90年代以来出现了大量成果,这些成果不同程度地涉及尼木地区铜钼矿床的研究和认识。比如,李光明等[65]研究了冈底斯铜矿成矿带的资源前景与找矿方向,划分了冲江-厅宫A类成矿远景区,该远景区基本包含整个尼木矿权区(包括岗讲在内);芮宗瑶等[66]在《中国斑岩铜(钼)矿床》一书中提出了冈底斯斑岩成矿带,之后芮宗瑶等[67]又结合青藏高原地质演化历史对该带斑岩铜矿成矿时代、成矿过程进行了论述;芮宗瑶等[68]建立了冈底斯带斑岩铜矿成矿模式,其中典型矿床包括厅宫和冲江铜矿;侯增谦等[69-71]对冈底斯带斑岩铜(钼、金)矿的成矿年代、成矿作用、区域构造背景等进行了大量研究,并论述了该带内埃达克质斑岩含矿性的观点;霍艳等[72]根据包括厅宫在内的若干矿床中流体包裹体地球化学和同位素地球化学研究,认为这些铜矿床成矿流体主要来自大气降水并有岩浆水参与;葛良胜等[73]从基础地质角度研究了西藏冈底斯地块中新生代中酸性侵入岩浆活动与构造演化,认为尼木地区岩体以喜马拉雅早期为主,燕山晚期次之,岩体大部分为同碰撞环境下岩浆活动的产物;孙忠军等[74]采用 1∶500 万化探数据,对西藏冈底斯东段多金属成矿系列进行了区域地球化学预测,结果尼木矿权区大部落入一个 Cu-Mo 化探异常区内;郑有业等[75]进行了西藏冈底斯东段构造演化及铜金多金属成矿潜力分析,认为尼木冲江向东到曲水达达布一带具有铜、钼矿产资源的巨大潜力;余宏全等[76]运用矿床统计预测方法对西藏冈底斯多金属成矿带斑岩铜矿进行了定位预测与资源潜力评价,认为尼木白容-冲江-厅宫一带是铜钼矿床重要找矿远景区;郑有业等[77]根据多年多单位的研究和勘查工作,总结了截至 2007 年西藏冈底斯巨型斑岩铜矿带勘查研究的进展和成果,指出冲江矿床为大型,其外围还有较好的找矿前景和潜力。

除上述成果外,1992—1995 年间冶金部天津地质研究院和西南冶金地质科学研究所(四川省冶金地质勘查院的前身)开展了涉及岗讲矿区的题为"中国西南部特提斯构造域浅成低温热液型金矿成矿条件及找矿远景区的研究"科研工作,划分出尼木-桑日成矿带、拉孜-泽当成矿带,并将泽当-桑日划为金矿 B 级预测区;20 世纪 90 年代以来,成都理工大学在藏南地区开展了"西藏日喀则弧前盆地海底扇三维沉积体模式及其与板块动力学的关系"、"雅鲁藏布江蛇绿岩与板块俯冲-碰撞过程"等项目研究,对认识本区成矿的大地构造背景有重要参考意义。

总结以上资料、文献等可以看出,前人对于岗讲铜钼矿床地质特征、找矿标志、找矿远景以及区域成矿地质背景等,存在如下主流观点:矿床类型为斑岩型,具有斑岩铜钼矿床的地质和地球化学特征,具有一般斑岩铜钼矿床的成矿条件和背景,具有达到大型矿床的潜力。

1.3.3　主要存在的问题

尽管前人在矿区做了较多的勘查和研究工作,但仍然存在如下问题:

(1)前人对其成矿地质特征的认识存在较大的分歧,矿区基础地质、矿床地质等研究仍较薄弱,矿区岩体的时空分布特征、成岩成矿关系、蚀变分带、成矿期次划分以及矿化富集规律等有待进一步加以研究。

(2)地质找矿尚未实现重要突破,查明资源分布不集中,矿石品位普遍偏低,工业矿体比较分散,不利于大规模开发,因过去投入较多而又前景不明,已濒"鸡肋"。

(3)矿区冰积盖层广泛分布,岗讲 Cu-I 北段矿体之上覆盖了上百米的冰积层,对地球物理、地球化学找矿方法的应用产生巨大影响,该地段施工的激电测深剖面由于解译深度浅(<300 m),找矿效果不好。选用探测深度、有效解译深度更大的 EH-4 测量手段提取矿区深部矿化信息及地质结构十分必要。

1.4 斑岩型铜矿研究现状

1904 年,Ransome 首次提出浸染状铜矿化与斑岩体成因相关的学术思想,至今已持续一百多年。期间,学者们对于斑岩型矿床的研究先后经历了四个阶段:描述性研究→斑岩型矿床成矿理论体系的初步建立→矿床模型的逐步完善→斑岩型矿床成矿模型的量化。学者们原先只注重研究斑岩型矿床的成岩、成矿模式,但近些年来随着新测试仪器、新技术、新方法的不断涌现,研究重点开始逐渐向斑岩型矿床深部构造-岩浆过程及动力学背景[78-80]、金属出溶分配[81-85]、成矿流体的详细演化及金属沉淀机理[86-88]、挥发分的精细出溶过程等[89,90]转变。这些研究成果使得斑岩型铜矿的理论模型和勘查模型趋于完善。

1.4.1 定义及分类

斑岩型铜矿是斑岩矿床中最为常见的一种类型,其传统定义为:与浅成-超浅成相中、酸性斑岩体有关的,并且具有钾、氢蚀变矿物晕和铜、钼、银、铅、锌、硫地球化学晕的岩浆期后中-高温热液型细脉浸染铜(钼)硫化物矿床[91]。斑岩型铜矿一般具有如下特征:① 规模大,品位较低,矿石量一般大于 100 万 t,Cu 品位在 0.4% 左右;② 埋深较浅,易于开采;③ 形成往往与斑岩体密切相关;④ 矿化形式一般以浸染状、细脉状和网脉状为主;⑤ 具有大规模热液蚀变产生的分带特征。

按照成矿地质背景,斑岩型矿床一般可以分为以铜、金矿化为主的岛弧型和以铜、钼矿化为主的陆缘弧型[92-94]。随着近年来碰撞造山环境和陆内环境下斑岩型矿床的发现,斑岩型矿床类型扩展到岛弧型、陆缘弧型、碰撞造山型和大陆内部型[95]。

按照斑岩型矿床金属(铜、钼、金)含量的不同,其可以划分为斑岩型铜-金、斑岩型铜-钼矿床[图 1-2(a)],或者划分为斑岩型铜-钼、斑岩型铜-金-钼、斑岩型铜-金矿床[图 1-2(b)]。有学者指出 Au>0.4 g/t 的为富金斑岩型铜矿床[96];也有学者认为 Au(g/t)/Cu(%,质量

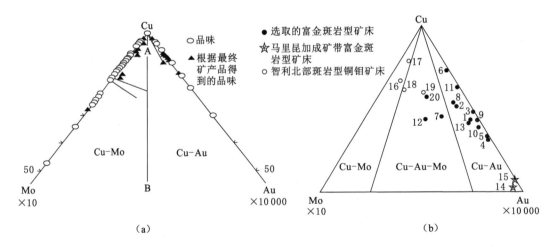

图 1-2 斑岩型矿床分类

分数)＞1 或者全岩 Cu/Au(原子数之比)＜30 000 的为富金斑岩型铜矿床[97]；或者全岩 Cu/Au(原子数之比)＜40 000 的为富金斑岩型铜矿床[98]。

1.4.2 时空分布规律

斑岩型铜矿床在空间上主要集中分布于环太平洋成矿带、特提斯-喜马拉雅成矿带和古亚洲成矿带。

在形成时代方面,斑岩型铜矿床从前寒武纪至上新世各个时期均有出现,其中以新生代(约占 60%)和中生代(约占 35%)最为普遍,这是该时期板块活动强烈的一种体现[99-102],但并不意味着该时期具有独特的成矿作用,成矿作用与斑岩型铜矿床的后期保存情况有关。斑岩铜矿与板块俯冲关系密切,板块俯冲往往伴随着山活动,形成的造山带就成了主要的剥蚀区,且斑岩铜矿埋藏浅(地下 1～3 km 位置[103,104]),斑岩体及围岩节理裂隙发育,形成时间较老的矿体随着时间的推移很容易被风化剥蚀而难以保存[105]。

斑岩型铜矿的形成时代与空间分布存在一定的对应关系[106],如环太平洋成矿带和特提斯-喜马拉雅成矿带上的斑岩型铜矿主要形成于中生代和新生代,古亚洲成矿带上的斑岩型铜矿床主要形成于古生代,古老大陆边缘处的斑岩型铜矿床主要形成于前寒武纪。

1.4.3 成矿构造背景

研究表明,斑岩型矿床主要形成于大洋板块俯冲产生的岩浆弧环境和与大洋板块俯冲无关的大陆环境,前者包括岛弧环境和陆缘弧环境,后者包括陆内环境和碰撞造山环境。

岛弧环境:与大洋板块的陡深俯冲有关,一般具有发育于洋壳基底之上、发育弧后扩张盆地等特征。典型代表为西环太平洋岛弧带,典型矿床有 Panguna、Batu、Dizon、Tanpakan 等矿床[2,107]。岛弧环境形成的斑岩型铜矿往往相对富金而贫钼,以集中产出斑岩型铜-金矿床为特色。典型岛弧俯冲构造环境形成的斑岩型矿床在我国西藏也有发现,如雄村斑岩型铜-金矿[108-111]和多不杂斑岩型铜-金矿[112-114]。

陆缘弧环境:与大洋板块的较缓俯冲有关,具有发育于陆壳基底之上、不发育弧后扩张盆地等特征。典型代表为安第斯斑岩铜矿带,典型矿床有 Bajodela Alumbera、Dos Pobers、Marte 等矿床[5,115]。陆缘弧环境形成的斑岩型铜矿往往相对富钼而贫金,以集中产出斑岩型铜-钼矿床为特色[92,93]。富金斑岩型铜矿在陆缘弧环境下也有发现,但矿床类型一般为斑岩型铜-钼-金型。

陆内环境:以长江中下游斑岩铜矿带和中国东部德兴铜矿田为代表,典型矿床有铜山口[116]、沙溪[117]、城门山[118,119]、德兴[120,121]等矿床。陆内环境可以形成铜-钼、铜-金、铜-钼-金等一系列的斑岩型铜矿床[122]。

碰撞造山环境:可进一步分为晚碰撞走滑环境和后碰撞伸展环境,前者以玉龙成矿带为代表,典型矿床有玉龙斑岩型铜矿床;后者以冈底斯成矿带为代表,典型矿床有驱龙、甲玛、厅宫、冲江、岗讲等矿床。碰撞造山环境下,斑岩型铜-钼、斑岩型铜-金、斑岩型铜-钼-金等一系列矿床类型均有出现。

斑岩型铜矿绝大多数产于岩浆弧环境,但这并不意味着单纯的俯冲和挤压就是斑岩型铜矿床形成的有利条件。倘若上地壳在相当长时期内处于板块俯冲挤压后的应力松弛间歇阶段,或者存在应力松弛期活化张开状态的深大断裂,则是斑岩型铜矿床形成的最有利部位[78]。安第斯斑岩铜矿带、西藏玉龙斑岩铜矿带和冈底斯斑岩铜矿带的地球物理特征对比研究表明,张性断裂及构造的稳定性是斑岩型铜矿床形成的基本条件[123]。

1.4.4 岩浆性质、来源及深部过程

中酸性钙碱性岩浆系列是成矿斑岩的来源[124](图1-3)。在岛弧环境下形成的斑岩以钙碱性石英闪长岩为主,少量石英二长岩、二长岩、花岗闪长岩;陆缘弧环境下形成的斑岩以钙碱性、高钾钙碱性石英闪长岩、花岗闪长岩为主,次为二长岩,少量正长闪长岩。与岛弧环境和陆缘弧环境形成的(含矿)斑岩不同的是,碰撞造山环境和陆内环境形成的(含矿)斑岩以高钾为显著特征,属高钾钙碱性系列,少数为钾玄岩系列,岩性以二长花岗斑岩、石英二长岩、花岗闪长斑岩为主。岛弧环境形成的斑岩成分偏中性,而陆缘弧、碰撞造山、陆内环境形成的斑岩成分偏酸性[125]。也有一些富金的斑岩型铜矿与碱性岩有关,如菲律宾的Dinkidi斑岩型铜矿含矿斑岩以碱性二长岩为主[126],中国云南的北衙斑岩型矿床含矿斑岩以正长斑岩为主[127,128]。

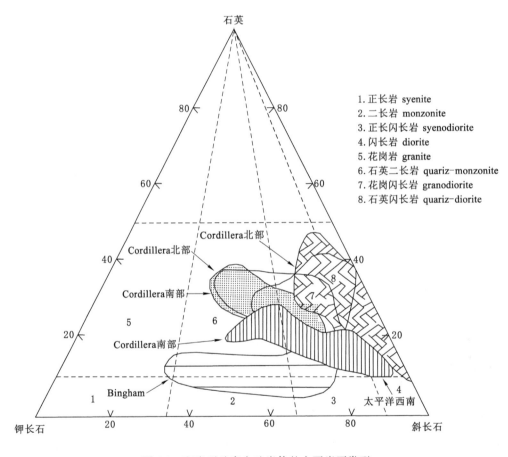

图1-3 斑岩型矿床含矿岩体的主要岩石类型

研究表明,当大洋板片俯冲到100 km深度时,发生大规模脱水而释放出相对富集K、Rb、Ba、Sr等大离子亲石元素,相对亏损Ti、Nb、Ta等元素的流体[50],该流体交代上覆地幔

楔并诱发其发生部分熔融,这是绝大多数岛弧和陆缘弧环境斑岩型铜矿钙碱性岩浆的来源[129-131]。当然,也有极少数来源于年轻大洋板片的直接熔融[132-135]。

　　MASH 过程,即大洋板块俯冲作用形成的壳-幔交界面上的地幔流过程(图 1-4)。当地幔流透过玄武质岩底垫时,由于密度差异(即玄武质钙碱性岩浆密度一般小于上地壳结晶基底岩石密度),上升到 MASH 带位置后,通常在此形成规模巨大的原始岛弧岩浆,该岩浆是富含水、金属和硫的中酸性钙碱性岩浆,由于上侵过程中与地壳物质混染而具有某些壳源的特征,为原始斑岩铜矿的含矿岩浆提供来源[136-140]。在原始岩浆的不断增多、岩浆房保持熔融状态且逐渐向外扩展、中酸性钙碱性岩浆(具有比下地壳物质更小的密度)在浮力作用下向地壳上部运移等诸多因素的共同影响下,最终在地壳浅部位置形成岩浆房(图 1-5),富含成矿元素的岩浆上侵就位形成含矿斑岩。地壳浅部的母岩浆房一般是通过岩枝连接其上部斑岩型铜矿,大的母岩浆房对于巨型斑岩铜矿系统的形成至关重要,研究表明,一般只有体积大于 50 km³ 的母岩浆房才有释放出足够流体来形成斑岩型铜矿床的可能。

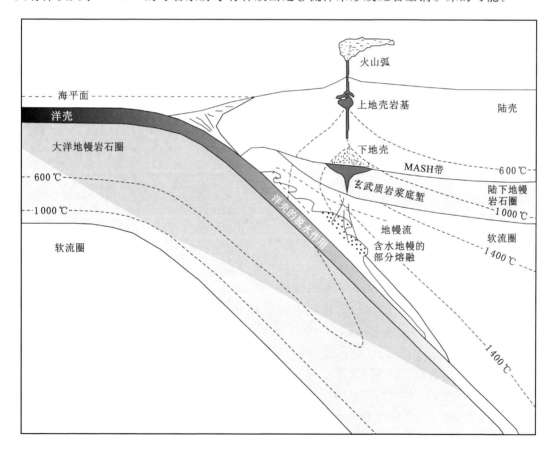

图 1-4　俯冲带及陆缘弧环境下含矿斑岩形成的 MASH 模式

　　对于碰撞造山环境和陆内环境斑岩型铜矿床的含矿岩浆,研究表明,其来源于加厚下地壳的部分熔融[141,142]。

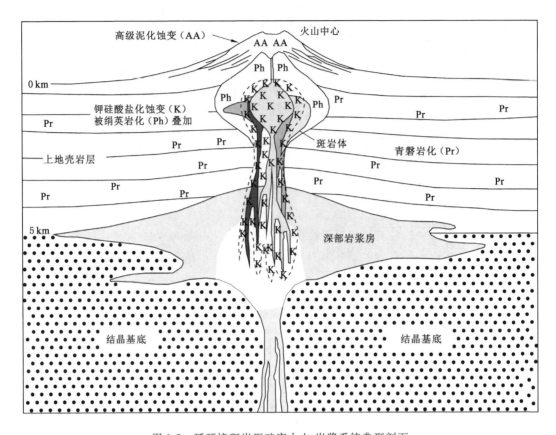

图 1-5　弧环境斑岩型矿床火山-岩浆系统典型剖面

1.4.5　热液蚀变及矿化特征

在对美国亚利桑那州 Manuel Kalamazoo 斑岩铜矿的蚀变分带及矿化特征进行详细研究后,Lowell 和 Guilbert(1970)[143]首次提出了斑岩型铜矿床经典的蚀变与矿化模型,又称之为"二长岩"模型(图 1-6)。随后有很多学者对该模型进行了完善与发展[144-152],但都只是做了稍微的补充和修订,并没有进行实质性的改动。

根据"二长岩"模式可以看出,从斑岩体中心向外,蚀变带具体分为:钾硅酸盐化带(Potassic zone)→黄铁绢英岩化带(Phyllic zone)→泥化带(Argillic zone)→青磐岩化带(Propilitic zone)[图 1-6(a)]。也有研究指出,黄铁绢英岩化带和泥化带在空间上往往很难区分,故将其统称为长石破坏蚀变带。各蚀变带矿物共生组合见表 1-1。

硫化矿组合变化规律为:斑岩体中心的低品位钾化核(辉钼矿-黄铁矿-黄铜矿)→夹持于钾化带外侧、绢英岩化带内侧的高品位矿化带(黄铁矿-黄铜矿-辉钼矿)→绢英岩化带外侧的黄铁矿化带(黄铁矿-黄铜矿)→青磐岩化带的低含量黄铁矿化带(方铅矿-闪锌矿-黄铁矿-黄铜矿)[图 1-6(b)]。与之对应的矿石构造依次为浸染状+细脉状→浸染状>细脉状→细脉状>浸染状→大脉状[图 1-6(c)]。黄铁矿是斑岩型铜矿最为常见的金属硫化物,含铜矿物主要是黄铜矿,少量斑铜矿、辉铜矿、铜蓝以及表生淋滤氧化作用形成的孔雀石。黄铜矿化、辉钼矿化与钾硅酸盐化并非同步,前者略晚于后者,铜(钼)矿化往往出现在钾硅酸盐化带,或钾硅酸盐化向绢英岩化过渡地带。

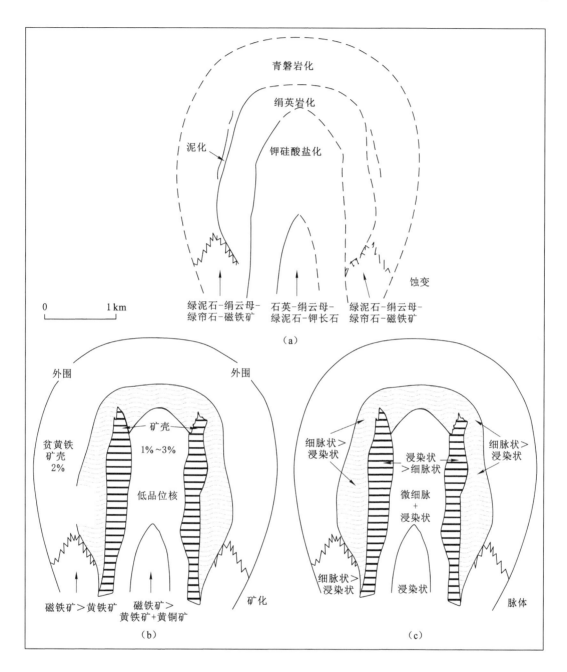

图 1-6 斑岩铜矿的蚀变与矿化分带

表 1-1 斑岩铜矿蚀变分带及蚀变矿物组合

蚀变分带	蚀变矿物组合
钾硅酸盐化	长石、黑云母、金云母、绿泥石、蛭石、硬石膏、石膏
绢英岩化	伊利石、白云母、高岭土、石英
泥化	高岭土、蒙脱石、伊利石、埃洛石

表 1-1（续）

蚀变分带	蚀变矿物组合
青磐岩化	绿泥石、绿帘石、沸石、蒙脱石、伊利石、碳酸盐
高级泥化	叶蜡石、迪开石、明矾石、氯黄晶、水铝石、黄玉
淋滤盖层环境	明矾石、高岭土、伊利石、水铝石、铁氧化物、铜氧化物、黄铁钾矾

1.4.6　成矿系统

为了建立斑岩型铜矿与陆相火山-侵入岩之间在时空和成因上的联系，斑岩型铜矿形成的地质背景及其与某些矿床的成因联系，Sillitoe[2] 提出了斑岩型铜矿成矿系统模型（图1-7）。他认为一个完整的斑岩成矿系统不仅包括产于斑岩体顶部及其接触带围岩中的斑岩

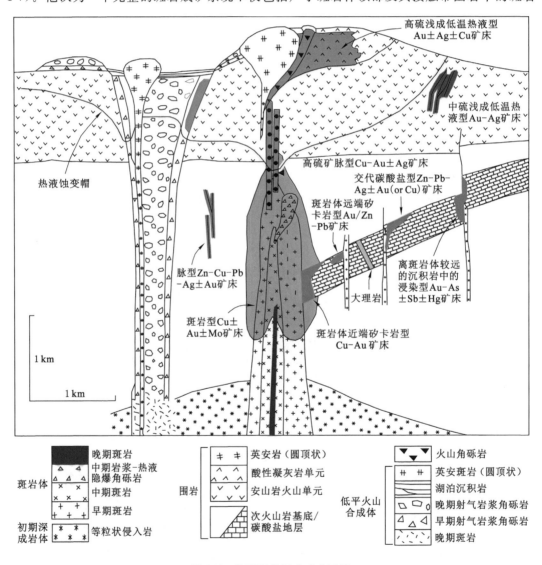

图 1-7　典型斑岩铜矿成矿系统

型矿床,还应该有产于斑岩体顶部的高硫-中硫浅成低温热液矿床,产于斑岩体顶部角砾筒中的矿床,产于斑岩体外围蚀变带(主要是青磐岩化带)中的脉型矿床,产于斑岩体与碳酸盐围岩接触带中的矽卡岩型矿床,以及远离斑岩体的沉积岩中的浸染状矿床等。这些矿床统属一个斑岩成矿系统,是含矿热液在不同性质围岩中形成不同类型矿床的体现。由于不同矿床的后期剥蚀程度以及断裂破坏程度的不同,大多数斑岩成矿系统不完整。但斑岩型矿床成矿系统对于弄清矿床形成机理、扩大并指导矿区找矿勘查工作都是极其关键的。

就冈底斯斑岩型矿床成矿系统而言,主要包括斑岩型、矽卡岩型、浅成低温热液型三种,其中,斑岩-矽卡岩型成矿系统较为普遍,成矿地质背景、矿化蚀变特征、成矿流体性质、成矿年代学、岩石地球化学及同位素示踪等研究表明:冈底斯斑岩型矿床与外围接触带的矽卡岩型矿床形成于新生代伸展构造背景,与新生代高侵位的花岗质岩浆具有明显的成矿专属性,在形成年代上相近,在空间分布上关系密切,属于统一的斑岩-矽卡岩成矿系统[153-155]。这对在斑岩型铜矿床外围寻找与同期岩浆-热液系统有关的矽卡岩型铜多金属矿床具有重要指示意义,也是本研究开展白容北部矽卡岩型矿(化)体查证工作的理论依据。

1.5　研究内容及方法

1.5.1　研究内容

本次研究在全面搜集整理岗讲矿区及其外围地质资料以及前人关于该矿床研究的基础上,查阅国内外有关斑岩型矿床及深部找矿预测文献,结合野外实地勘查与室内分析测试,理论与实践相结合,以厘定岗讲铜钼矿床岩浆演化、成矿过程、矿化富集规律及控矿因素为主要研究内容,以为岗讲铜钼矿床深部及其外围勘查区进一步勘查工作提供依据为主要目的。主要的研究内容如下:

(1)对岗讲铜钼矿床 Cu-Ⅰ号矿体形态特征、品位与厚度空间变化规律、矿石类型、矿物组构特征、共生组合关系等进行厘定。

(2)对岗讲铜钼矿床主要侵入岩的地球化学特征进行研究,包括主量元素、稀土及微量元素等,并将矿化斑岩与无矿化岩体的地球化学特征进行比较,总结原岩与矿化斑岩的内在联系以及热液蚀变过程中微量元素的迁移变化规律。

(3)通过对岗讲铜钼矿床成岩成矿年代学进行研究,厘定岩浆-热液-成矿序列,并将其与冈底斯相似成因类型的斑岩型矿床进行年代对比,进一步丰富和完善冈底斯后伸展阶段成矿作用的时空格架。

(4)通过对岗讲铜钼矿床矿化富集规律、控矿因素、围岩蚀变、成矿阶段的研究,总结矿床形成机理,并与驱龙、白容矿床作对比,探讨三个矿床规模、品位差异的原因。

(5)在岗讲矿床形成机理、控矿条件、找矿标志认识的基础上,采用 EH-4 测量、高精度磁测物探及遥感等深部与宏观探测手段,结合野外实地勘查以及矿区已有的1∶1万激电测量、1∶2.5万土壤化探测量数据的再处理,对岗讲矿区及其外围开展找矿预测评价工作。

本次研究的创新之处有如下两点:

(1)运用测年方法系统研究了岗讲矿区岩体的生成次序,及其与斑岩、热液两个主成矿期的关系;成矿构造是矿化富集的必要控制因素。

(2)在岗讲矿区首次采用 EH-4 测量方法,并验证了其深部地球物理探测的有效性;提出了在白容北寻找矽卡岩型铁铜矿的新思路;圈定的绒岗蒙找矿靶区具有重大找矿前景。

本次研究的室外工作包括地表及坑道系统采样及记录、典型地质特征的拍照、地球物理剖面的实测等,室内工作包括矿物镜下观察以及有关地球化学、地球物理分析测试。主要工作量见表 1-2。

表 1-2　主要完成工作一览表

	项目	单位	数量
野外工作	野外照片	张	300
	野外踏勘	km	20
	野外地质观察点	个	150
	EH-4 测量剖面	km	3.2
	高精度磁测剖面	km	1.05
	岩石地球物理取样	块	30
	岩石地球化学取样	块	200
	岩石碎屑取样	件	12
	标本取样	块	20
室内工作	光薄片	个	58
	主量元素	件	11
	微量元素	件	201
	稀土元素	件	25
	锆石 U-Pb 同位素	件	3 件共 43 个测点
	辉钼矿 Re-Os 同位素	件	12
	岩石物性测定	件	16
	锆石阴极发光(CL)照片	张	33
	贵金属 Au	件	10

1.5.2　研究方法

(1)野外样品采集及预处理

通过查阅岗讲矿区及外围已有的地质资料,有针对性地选取野外踏勘路线、坑道、钻孔岩芯进行观察记录工作,系统采集有代表性的样品(包括分析测试样和标本样)并进行编号,采集样品质量一般为 500 g 左右。选定目标视域进行光、薄片加工、单矿物分选以及靶区制备等工作,事先切去样品表面的氧化膜,以新鲜的岩块作为加工对象,对测试样品进行洗涤、烘干后粉碎至 200 目,以便进行进一步的化学分析测试工作,每件测试样品质量为100 g 左右。

(2)矿物镜下观察和照相

通过光、薄片镜下观察获取岩体岩性、岩相分带等特性信息,并采用显微照相系统,详细鉴定出岩石中矿物的晶形、粒度及含量等,对于典型的显微组构特征进行镜下数码照相。在双目镜下挑选出晶形较好、透明度高、无裂缝、包体少的锆石颗粒进行制靶,并进行阴极发光(CL)显微照相。

（3）地球化学分析测试方法

本次地球化学分析测试工作主要由中国地质科学院国家地质实验测试中心、河北省廊坊区域地质矿产调查研究所实验室、国土资源部武汉矿产资源监督检测中心(武汉综合岩矿测试中心)、核工业北京地质研究院分析中心、广州澳实分析测试中心完成。分析项目主要有:① 主量元素:采用 X 射线荧光光谱法(飞利浦波长色散 X 射线荧光光谱仪)对岩石中的主量元素含量进行测定;② 微量元素:采用 ELEMENT I 电感耦合等离子质谱(ICP-MS)法对岩(矿)石中的微量元素进行测定;③ Re-Os 同位素:选用美国 TJA 公司生产的电感耦合等离子体质谱仪(TJA X-series ICP-MS)对矿石中辉钼矿 Re-Os 同位素进行测试;④ 锆石 U-Pb 同位素:选用 Laser Ablation and HR ICP-MS 型质谱仪和 New Wave Research 准分子激光剥蚀系统对岩体中的锆石进行 U-Pb 同位素测试;⑤贵金属 Au:选用原子吸收光谱仪对矿石中的 Au 含量进行测试。

（4）地球物理测量方法

根据实际情况本次主要选用美国 EMI 和 Geometric 公司联合研发生产的(EH-4)高频率大地电磁成像系统和 G-856 型高精度磁力仪对重点区段进行相关的地球物理勘探工作。

（5）其他方法

分析具体问题,选择不同的方法,岩石地球化学、同位素地球化学研究一般采用图解法、对比法,原生晕分带特征研究采用指数法。借助 Excel、Geokit、ISOPLOT、Grapher、Spss、Surfer 等软件对地球化学、地球物理数据进行处理;借助 AutoCAD、MapGIS、Coreldraw 等计算机应用软件对地质及其他相关图件进行处理。

2 区域成矿地质背景

2.1 区域地质特征

岗讲铜钼矿床地理位置上位于西藏自治区拉萨市尼木县,成矿带上位于冈底斯成矿带中段,大地构造位于冈底斯-念青唐古拉板片。冈底斯-念青唐古拉板片(Ⅱ)由南至北可以分为冈底斯陆缘火山-岩浆弧(Ⅱ₁)、念青唐古拉背断隆(Ⅱ₂)、措勤-纳木错初始弧间盆地(Ⅱ₃)、班戈-倾多退化弧(Ⅱ₄)和雅鲁藏布江板块结合带(YZSZ)共5个次级构造单元(图2-1)。相比而言,岗讲铜钼矿床与冈底斯陆缘火山-岩浆弧关系更加密切。

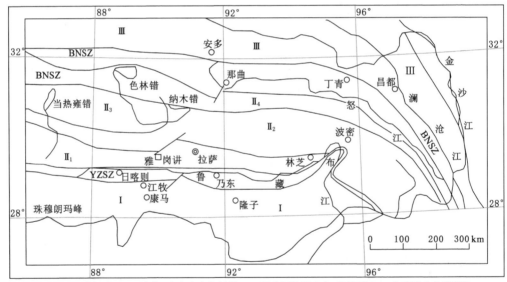

Ⅰ—喜马拉雅板片;Ⅱ—冈底斯-念青唐古拉板片;Ⅱ₁—冈底斯陆缘火山-岩浆弧;Ⅱ₂—念青唐古拉背断隆;

Ⅱ₃—措勤-纳木错初始弧间盆地;Ⅱ₄—班戈-倾多退化弧;Ⅲ—羌塘-三江复合板片;□—岗讲

YZSZ—雅鲁藏布江板块结合带;BNSZ—班公湖-怒江板块结合带。

图 2-1 岗讲矿床大地构造位置图

2.1.1 区域地层

区域地层由中新元古代念青唐古拉群变质杂岩和上古上界-新生界地层组成,位于滇藏地层大区南部位置。从图2-2可以看出,研究区二级地层由南到北分别为喜马拉雅地层区、雅鲁藏布江地层区、冈底斯-腾冲地层区、班公湖-怒江地层区和羌南-保山地层区。其中,冈底斯-腾冲地层区和雅鲁藏布江地层区构成研究区的主体部分。冈底斯-腾冲地层区（Ⅲ）由南至北又可分为日喀则分区（Ⅲ₁）、拉萨-察隅分区（Ⅲ₂）、隆格尔-南木林分区（Ⅲ₃）、措勤-申扎分区（Ⅲ₄）和班戈-八宿分区共5个分区；雅鲁藏布江地层区（Ⅱ）由南至北又可分为仲巴-扎达分区（Ⅱ₁）、蛇绿岩分区（Ⅱ₂）和拉孜-曲松分区。

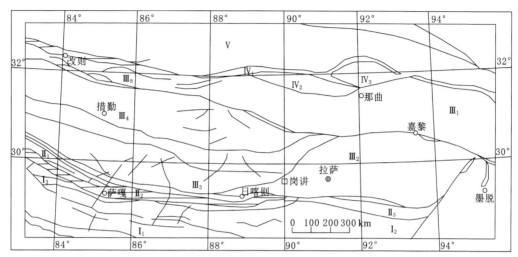

I—喜马拉雅地层区（I₁—北喜马拉雅分区；I₂—康马-隆子分区）；
Ⅱ—雅鲁藏布江地层区（Ⅱ₁—仲巴-扎达分区；Ⅱ₂—蛇绿岩分区；Ⅱ₃—拉孜-曲松分区）；
Ⅲ—冈底斯-腾冲地层区（Ⅲ₁—日喀则分区；Ⅲ₂—拉萨-察隅分区；Ⅲ₃—隆格尔-南木林分区；Ⅲ₄—措勤-申扎分区；
Ⅲ₅—班戈-八宿分区）；
Ⅳ—班公湖-怒江地层区（Ⅳ₁—蛇绿岩分区；Ⅳ₂—东恰分区；Ⅳ₃—聂荣分区）；V—羌南-保山地层区。

图 2-2　冈底斯成矿带构造-地层分区图

岗讲铜钼矿床与冈底斯-腾冲地层区（Ⅲ）的拉萨-察隅地层分区（Ⅲ₂）关系密切。拉萨-察隅地层分区南边以雅鲁藏布江结合带为界，西接念青唐古拉山前大断裂（当雄-羊八井断裂），北、东边是永珠-嘉黎波密构造带。该分区地层的时空分布具有如下规律：① 从空间分布角度看，拉萨-察隅分区地层具有近东西走向，呈片状、带状展布特征，在岩浆侵入活动强烈地段，地层多以孤岛状零星出现。雅鲁藏布江东部主要分布中新元古代念青唐古拉岩群，中西部地区分布晚侏罗世-早白垩世地层，往北至拉萨-墨竹工卡一带广泛发育侏罗-白垩纪弧间沉积盆地，再往北主要发育石炭纪至二叠纪地层及古近纪林子宗群火山岩。② 从时代分布角度看，前震旦系念青唐古拉群是该分区最古老的地层，集中分布于羊八井一带，古生界石炭系以来的地层发育较全（表 2-1）。念青唐古拉岩群为一套深变质岩系，沉积环境比较稳定，原岩为沉积碎屑岩；古生代为一套浅海相碳酸盐岩夹硅质岩建造；到了中生代岩性则变为一套浅变质的灰岩、沉积岩系列；到了中侏罗世，该区火山活动明显加强，形成叶巴组火山岩，属于中酸性-钙碱性岩系；晚侏罗世至晚白垩世，岩性主要为沉积碎屑岩和生物碎屑岩；当演化到古近纪时，由于火山活动异常强烈，形成了该区、该时段最具代表性的火山岩-林子宗火山岩（中酸性-钙碱性火山岩）；第四系发育，以大面积覆盖冰碛物为特色，此外还有残-坡积物、冲-洪积物等。

具体到尼木矿集区，主要出露有白垩系、古近系和第四系地层（图 2-3），由老到新分述如下。

表 2-1 冈底斯成矿带地层单位序列表

地层系统				区	冈底斯－腾冲区			
界	系	统	符号	分区	日喀则	拉萨－察隅	隆格尔-南木林	措勤-申扎
新生界	第四系	全新统	Qh				贡木淌火山岩 拉弄组	冲积,洪积,湖积
		更新统 上 中 下	Qp^2-3 / Qpl					
	新近系		N₂			乌郁群		宗当村组 嘎扎村组 / 洁居纳卓组
			N₁				芒乡组	布嘎寺组
	古近系		E₃	错江顶群	大竹卡群		日贡拉组	日贡拉组
			E₂		秋乌群 日康巴组 达机翁组	林子宗组	帕那组 年波组 典中组	查理错群
			E₁					
中生界	白垩系	上统	K₂	日喀则群	曲贝亚组 帕达那组 昂仁组	温区组 门中组 / 设兴组	竞柱山组	
		下统	K₁		冲堆组	塔克那组 楚木龙组 林布宗组	桑日群 比马组 / 麻木下组	接嘎组 / 则弄群	永珠蛇绿岩群
	侏罗系	上统	J₃			多底沟组		
		中统	J₂			叶巴组 却桑温泉组		接奴群
		下统	J₁			甲拉浦组		
	三叠系	上统	T₃			麦隆岗组	多布口组	
		中下统	T₁₋₂			查曲浦组		
古生界	二叠系	上统	P₃			蒙拉组 列龙沟组	敌布错组	坚扎弄组 木纠错组
		中统	P₂			洛巴堆组	下拉组	
		下统	P₁			来姑组	昂杰组 / 拉嘎组	
	石炭系	上统	C₂					
		下统	C₁			诺错组	永珠组	
	泥盆系	上统	D₃			送宗组	查果罗马组	
		中统	D₂					
		下统	D₁					
	志留系	顶统	S₄				扎陇俄马组	
		上统	S₃					
		中统	S₂				德吾卡下组 申扎组	
		下统	S₁					
	奥陶系	上统	O₃			拉久弄组	刚木桑组	
		中统	O₂			古玉组	柯尔多组	
		下统	O₁			桑曲组	扎杠组	
	寒武系	上统	∈₃					
		中统	∈₂			?		
		下统	∈₁					
新元古界	前震旦系		Z			念青唐古拉岩群		

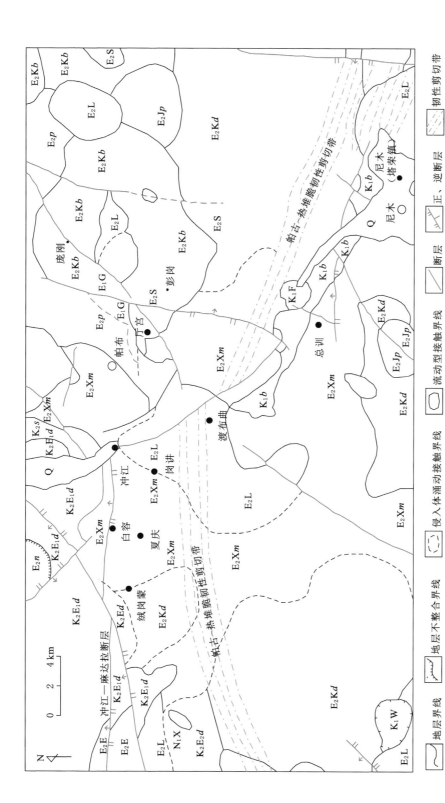

图2-3 尼木矿集区地质简图

Q—第四系；E₂p—始新统帕那组；E₂—始新统；K₂E₁d—上白垩统—古新统典中组；K₂E₁d—上白垩统典中组一段；K₂s—上白垩统设兴组一段；K₁b—下白垩统比马组；
N₁X—中新世雪古拉单元；E₂Kb—始新世卡布下爬单元；E₂S—始新世结蒲林单元；E₂Jp—始新世孔洞朗单元；E₂Kd—始新世嘎冲单元；
E₂Xm—始新世续迈单元；E₂E—始新世伦主岗单元；E₂L—始新世俄岗单元；E₁G—古新世俄岗主岗单元；K₁W—早白垩世旺乡单元。

〰 地层界线　　⌒ 地层不整合界线　　◯ 侵入体涌动接触界线　　◯ 流动型壁接触界线　　〰 断层　　⚡ 正、逆断层　　▨ 韧性剪切带

(1) 白垩系下统比马组（$K_1 b$）

主要出露于矿集区南部地区,下部以中性-中基性海相火山岩与火山碎屑岩互层为主,中部以火山碎屑岩、凝灰岩、粉砂岩以及钙质砂岩构造的韵律互层为主,上部主要为安山质火山岩和晶屑凝灰岩夹凝灰质粉砂岩、泥质灰岩、条带状灰岩、大理岩为主。地层总体呈近南北走向,向西倾斜,倾角80°,厚度介于640～2 881 m,与下伏麻木下组（$J_3 m$）呈整合接触关系。

(2) 白垩系上统设兴组（$K_2 s$）

主要分布于矿集区北部地区,以陆相碎屑沉积为主,岩性以紫红色砂岩、泥岩为主,地层具有极细的水平层理,其间夹有灰岩条带及钙质结核。地层总厚度为935～1 748 m,向南东、南西倾斜,倾角范围34°～58°,与下伏白垩系下统比马组（$K_1 b$）呈整合接触关系。

(3) 古近系典中组（$E_1 d$）

主要出露于矿集区中西部地区,岩性以英安质凝灰岩、黑云母安山岩以及安山斑岩为主,夹有火山集块岩,凝灰岩顶部分布有流纹质英安岩。地层向南东倾斜,倾角为35°～49°。与下伏白垩系上统设兴组（$K_2 s$）地层呈平行不整合接触关系。

(4) 古近系年波组（$E_2 n$）

出露于矿集区西北部地区,岩性组合以淡黄色、紫红色砾岩、岩屑砂岩为主,砾岩成分为来自下伏地层的安山岩,其间夹有中酸性凝灰岩,局部夹有淡水灰岩。地层倾向南西,倾角30°左右,厚度2 600 m左右,与下伏古近系典中组（$E_1 d$）地层呈不整合接触关系。

(5) 古近系帕那组（$E_2 p$）

主要分布于矿集区的东北部地区,下部以流纹质凝灰岩为主,其间夹有杂砂岩,厚度一般大于1 852 m;其上部以砂砾岩为主,平行层理发育。地层呈北东走向,向北西倾向,倾角介于22°～30°,与古近系年波组（$E_2 n$）地层呈整合接触关系。

(6) 第四系（Q）

大面积分布于矿集区西北部地区,主要分布于沟谷、河谷及坡脚地带,洪积、冲积、坡-残积、风积、冰碛堆积类型均有出现,岩性以砂、砾、黏土为主。

2.1.2 区域构造

研究区大地构造位于冈瓦纳北缘晚古生代-中生代冈底斯-喜马拉雅构造单元的中、东部,纵跨印度陆块、雅鲁藏布江结合带和拉达克-冈底斯-拉萨陆块3个二级构造单元（图2-4）。

3个二级构造单元又可细分为8个三级构造单元,详见表2-2。受大地构造演化、板块碰撞挤压的控制,区域构造主要包括东西向压性断裂构造或褶皱,南北向张性断裂构造带。此外,由于岩浆活动和热穹窿的影响,区域环形构造发育。基底由前震旦纪变质结晶基底和古生代沉积盖层共同组成,显示双重结构特征。

尼木矿集区构造以东西向和北东向断裂构造为主,次为北西向和近南北向断裂构造,北东向断裂切割东西向断裂（图2-3,表2-3）。

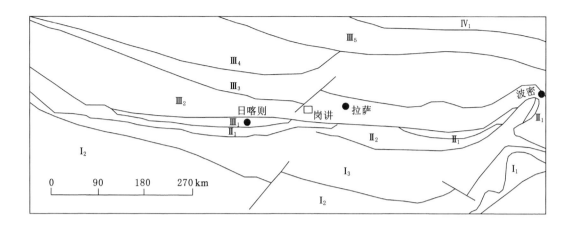

图 2-4 区域构造单元划分图(图中代号解释见表 2-2)

表 2-2 区域构造单元划分

一级构造单元	二级构造单元	三级构造单元
冈瓦纳北缘晚古生代-中生代冈底斯-喜马拉雅构造	拉达克-冈底斯-拉萨陆块Ⅲ	班戈-八宿燕山期岩浆弧带(Ⅲ₅)
		措勤-申扎复合弧后盆地(Ⅲ₄)
		隆格尔-工布江达中生代断隆带(Ⅲ₃)
		冈底斯-下察隅晚燕山-喜马拉雅期火山岩浆弧带(Ⅲ₂)
		日喀则白垩纪弧前盆地(Ⅲ₁)
	雅鲁藏布江结合带Ⅱ	蛇绿混杂岩带(Ⅱ₁)
		拉孜-曲松增生楔逆推带(Ⅱ₂)
	印度陆块Ⅰ	北喜马拉雅特提斯大陆边缘褶冲带(Ⅰ₃)

表 2-3 尼木矿集区主要断层特征

断层名称	走向	断面产状	性质	主要特征
冲江-麻达断层	近 EW 向	$20°∠60°$	逆断层	长>25 km,破碎带宽 50~500 m,两盘地层产状不协调,切割始新世俄迈单元,西段沿断裂带发育温泉
恰莎-强亚雄断层	NE-SW 向	$310°~340°$ $∠45°~50°$	逆断层	长>20 km,破碎带宽 2~50 m,北西为典中组和俄岗单元;南东为典中组和安岗超单元,发育牵引褶皱,破坏侵入体形态,沿断裂带发育断层角砾岩和温泉,切割麻达-冲江断层
帕古断层	NW-SE 向	$30°∠60°$	逆断层	长>25 km,破碎带宽 2 m,断层面附近节理、裂隙发育。具右旋斜冲性质
江热断层	NE-SW 向	$135°~170°$ $∠52°~60°$	平移-逆断层	长约 20 km,破碎带最宽 100 m,由构造角砾岩、碎裂岩组成,发育较强的绿泥石化、绿帘石化和褐铁矿化,其中见英安玢岩贯入。平行断裂的密集节理发育。具左旋平移性质

表 2-3(续)

断层名称	走向	断面产状	性质	主要特征
彭岗断层	NNE-SSW 向	$90°\sim100°$ $\angle50°\sim55°$	正断层	长约 18 km,破碎带宽约 30 m,由构造角砾岩、碎裂岩组成。断层面附近节理发育。地貌上表现为断层崖和小型断陷盆地
普松断层	NE	$135°\angle15°$	逆冲断层	断层破碎带宽 3~5 m,断面平直,有擦痕
共贡曲断层	NE-SW	$275°\angle50°$	逆断层	长约 15 m,破碎带宽 10~15 m,发育挤压透镜体,阶步、擦痕明显,牵引褶曲发育
拔路断层	近 SW 向	$275°\angle50°$	正断层	破碎带宽 400 m,主要由构造角砾岩构成,胶结物以铁质为主,见大量石英脉

东西向构造以区域主干断裂帕古-热堆脆韧性剪切带为主,其东起曲水县热堆,向西经过帕古乡一直延伸至南木林县境内。剪切带总体呈 EW 向展布,产状 $350°\angle65°$,断裂宽度 100~200 m。剪切带常形成明显的负地形而被第四系堆积物覆盖,带中岩石破碎程度高,偶见弱的铜矿化。剪切带中构造岩主要包括有角砾岩、碎斑岩、构造片岩、碎裂岩、碎粉岩、糜棱岩化花岗岩以及断裂泥等,构造透镜体异常发育。破碎带中的断层泥常常发生片理化,并伴随有高岭土化、电气石化、褐铁矿化等次生蚀变。硅化、石英脉也比较发育,大脉、细脉均有出现。该剪切带在帕古附近北后期的北西向断层错移。矿集区北东向构造以当雄-羊八井大型走滑断裂为代表,其北起当雄,经羊八井、麻江延伸至藏南,总体呈 NE 向展布,性质为左行走滑断裂。矿集区北西向和北东向断裂为主要的控矿、含矿构造,与成矿关系密切。

通过对尼木矿集区遥感影像进行解译,更加全面而直观地了解矿集区构造特征。张振飞等[156]收集尼木地区 1 景 ETM＋遥感影像数据(LE71380402002343SGS00,轨道号138/040,时相为 2002 年 12 月 9 日)。经辐射校正和几何校正后,4、3、2 三个波段的假彩色图像如图 2-5 所示,将该图像与区域水系图进行叠加,可见校正后的空间位置准确。

通过遥感影像对断裂构造进行解译时,以下几种解译标志需要综合加以考虑:

(1) 色调和纹理解释标志

由于断裂带往往为破碎岩石,与断层两盘岩性不同,在遥感影像上常表现为沿断裂构造走向出现明显的色调、影纹异常;或者由于断层两盘岩性不同,断层线可能成为不同色调、纹理区域的分界线。列举尼木地区该类解译标志实例,见图 2-6(a,b,c)。

(2) 地形地貌解译标志

根据大型地貌包括较平直的沟谷和山脊相互关系、断层三角面、断层崖、山前直线状延伸的陡崖、成线状分布的负地形等判断断裂构造的存在。列举尼木地区该类解译标志实例,见图 2-6(d、e、f、g、h、i、j、k)。

(3) 水系标志

水系的类型、疏密程度、流向等很容易受到地质构造的影响,因此可以将水系异常作为构造解译标志,如水系发育不对称、水系成排出现、拐点在一条直线上、局部直转弯等,均可以指示断裂构造的存在。尼木地区该类解译标志实例见图 2-6(l、m、n)。

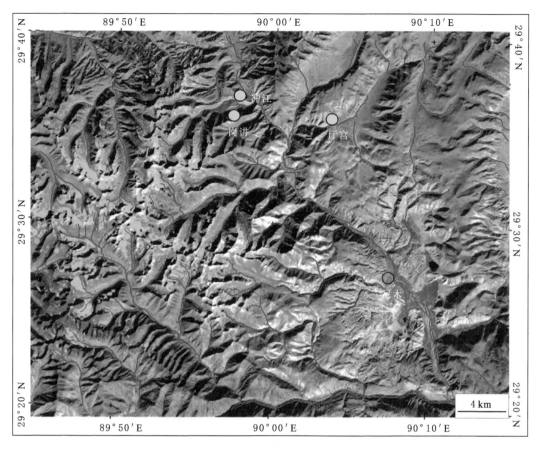

图 2-5 尼木地区 ETM＋影像与水系叠加图

（a）断裂构造是
色调变化界线

（b）断裂构造为纹理及
色调变化的边界线

（c）线状分布的色调
可能指示断裂的存在

（d）直线状地貌单元
（山地与盆地）分界

（e）山脊走向突变

（f）直线状沟谷及断层三角面

（g）陡崖、直线状沟谷错断

图 2-6 断裂构造解译标志实例列举

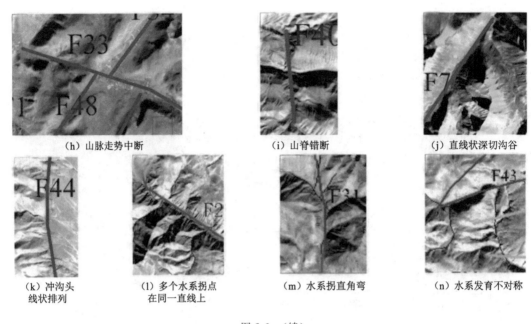

（h）山脉走势中断　　　　　　　　（i）山脊错断　　　　　　　　（j）直线状深切沟谷

（k）冲沟头　　　　　　　　　（l）多个水系拐点　　　　　　　　（m）水系拐直角弯　　　　　　　（n）水系发育不对称
　　线状排列　　　　　　　　在同一直线上

图 2-6　（续）

根据上述标志,解译出尼木地区主要的断裂构造,见图 2-7。

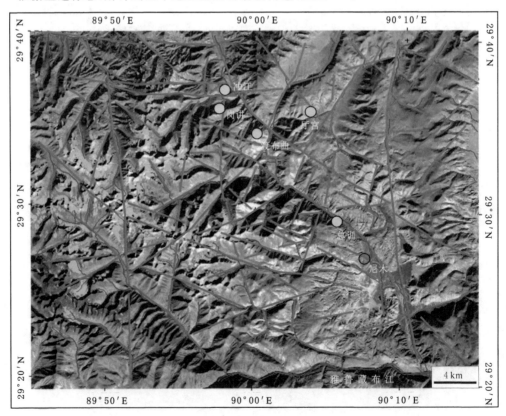

图 2-7　尼木地区断裂构造解译图

这些断裂构造按走向大致可以划分为 4 组:① 北西向断裂:为最发育的一组断裂,走向为 300°～330°,大致以 1～4 km 的间隔遍布全区;② 北东向断裂:走向为 30°～45°,主要以 1～4 km 的间隔分布于尼木地区北部和尼木玛曲河以东地区;③ 近东西向-北东东向断裂:走向为 70°～90°,主要有 3 个断裂带,北部有麻达断裂带,中部为过总训矿区南侧断裂带,南部为过尼木县城断裂带;④ 近南北向断裂:走向为 350°～10°,主要出现在 3 个带上,其中一个在绒岗蒙以西,一个位于夏庆矿区内,一个位于厅宫矿区以东约 8 km 处。

从图 2-7 中无法直接判断各组断裂构造形成的先后关系、力学及运动学性质等,但所有断裂构造在形成之后的进一步活动过程中,必将受到区域统一应力场的支配,其力学和运动学性质可以互相关联。研究区以东邻区尼木县嘎曲-香泥村一带,近南北向断层在第四纪的运动性质为正断层,形成断陷盆地,反映东西向伸展构造运动。据西藏地矿局(1993)南木林幅、谢同门幅 1∶20 万区域地质调查报告,在第四纪的构造活动中近东西向断层(如麻达-冲江断裂带)运动性质为逆冲断层,反映南北向挤压的应力场。这些证据说明了本区第四纪区域构造运动是受印度板块向北推挤产生的近南北向挤压、近东西向拉伸应力场所控制的。据此可以判断其他方向断裂的活动性质:北西向断裂应该为右行平移逆断层,北东向断层应该为左行平移逆断层。施美凤等[157]在研究冈底斯水系与构造关系时观察到,这两类断裂的平移分量和逆冲分量的相对大小取决于断层产状(倾角):陡倾斜的断层以平移为主,而缓倾斜的断层可能以逆冲为主。在统一应力场作用下不同方向断裂的活动性质如图 2-8 所示。

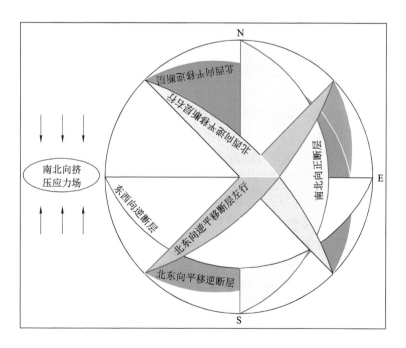

图 2-8　尼木地区第四纪构造应力场及各方向断裂构造运动学性质示意图
(极射赤平上半球投影,走向相同而倾向相反的断层活动性质一致)

以上区域性断裂构造主要影响了现在的地形地貌及水系分布、形态等,其填充物主要为各类断层岩,如构造角砾岩、片理化带等。断层一旦形成,将成为岩石力学性质较薄弱的地带,在后续构造应力场作用下是优先活动的地带。因此一般来说,断裂的继承性活动是普遍现象,有些成矿后断层可能是继承原来的控矿断层而发育的。总之,断裂构造的研究对于区域控矿构造、矿化富集规律等方面的研究具有十分重要的意义。

2.1.3　区域岩浆岩

区域火山、岩浆活动强烈,以燕山晚期至喜山期的中酸性侵入岩和火山岩为主,火山岩与侵入岩在空间上往往伴生出现,且成分相似,时代上火山岩形成稍早于侵入岩。

侵入岩多呈复式岩基、岩株和岩脉产出,往往以条带状分布。区域构造-岩浆演化的不同历史时期,侵入岩表现出不同的岩石类型、岩性特征。侵入时间由老到新、就位深度由深到浅、空间上由南向北,侵入岩类型总体呈 I 型→I-S 过渡型→S 型变化,岩石成分总体呈基性→中性往酸性→酸碱性变化。燕山期侵入岩多呈中基性,岩性组合以辉长岩、辉长辉绿岩、闪长岩和花岗闪长岩为主;喜山期侵入岩多呈中酸性,晚期偏碱性,岩性组合以花岗闪长岩、二长花岗岩、二长花岗斑岩、石英闪长玢岩、黑云母石英正长岩、石英斑岩为主,岩石地球化学特征显示钙碱性-碱性岩系。喜山期侵入岩与成矿关系密切,岩体一般具有规模小、呈岩株(枝、脉)产出、显示埃达克质岩亲合性等特点,大量的年代测试数据显示其形成时间集中在 $65 \sim 45$ Ma 和 $20 \sim 13$ Ma 两个时期[158-166]。

火山岩是冈底斯火山岩浆弧的重要组成部分,受区域构造演化的控制,总体上呈东西走向、南北平行分带展布,形成时代为燕山晚期和喜山期。其中,燕山晚期火山岩属于钙碱性系列,岩性主要包括英安岩、玄武岩、安山岩及其他火山碎屑岩,形成与新特提斯洋壳向北俯冲有关;喜山期火山岩岩性主要包括流纹岩、安山岩、英安岩等,多以钙碱性为主,晚期偏碱性,形成于印度-亚洲大陆碰撞造山及碰撞造山后的伸展构造背景。

2.1.3.1　冈底斯花岗岩基

冈底斯花岗岩基主线呈近东西向,与雅鲁藏布江结合带走向平行,多呈带状展布(图 2-9、图 2-10)。冈底斯花岗岩基分布范围超过 11 万 km^2,长约 2 500 km,宽约 $150 \sim 300$ km,是冈底斯地区出露面积最大的侵入岩带,也是区域内岩浆演化信息保存最完整的侵入岩带[167]。

关于冈底斯花岗岩基的时空分布、岩石特征及成因等方面的大量研究表明,其岩性复杂多变,以闪长岩-二长岩-花岗岩组合为主[168-170]。针对冈底斯花岗岩基岩浆活动阶段的研究指出,129 组同位素年龄数据分别落在 $205 \sim 152$ Ma,$109 \sim 80$ Ma,$65 \sim 41$ Ma 和 $33 \sim 13$ Ma 四个区间内,并且有 65 组数据集中在 50 Ma 左右,进而确定了冈底斯发生大规模的岩浆底侵和混合事件应在 50 Ma 左右的岩浆活动高峰期[161,171]。有关冈底斯花岗岩基的地球化学研究显示,其具有弧形岩浆地球化学特征及岩性组合,基性、中性、酸性各种岩石类型均有出现,属于中-高钾钙碱性岩石系列[167]。

前人研究表明,冈底斯花岗岩基与新特提斯洋持续向北俯冲有关,冈底斯带具有弧型岩浆特征的侏罗纪花岗岩的发现[172],似乎确定了新特提斯洋向北的初始俯冲发生在早侏罗世,同位素年龄为 188 Ma。但随着冈底斯带南部地区一套同样具有弧形岩浆特征的花岗质岩石的发现,形成时代为晚三叠世-早侏罗世,同位素年龄介于 $250 \sim 170$ Ma 之间,从而又

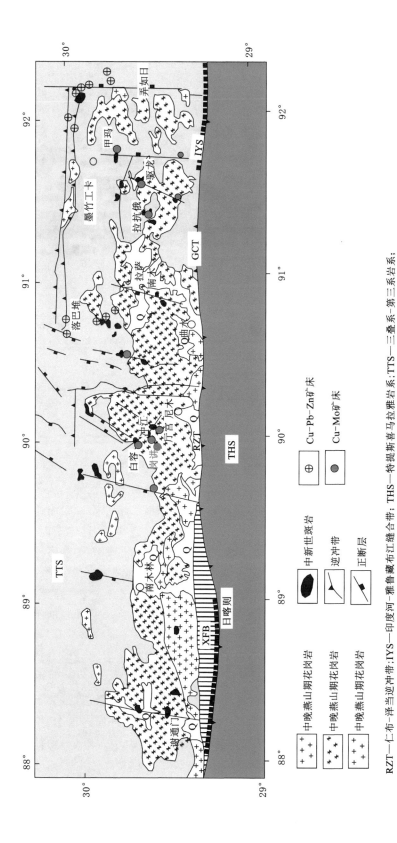

图2-9 青藏高原冈底斯构造-岩浆带及部分矿床分布

RZT—仁布-泽当逆冲带;IYS—印度河-雅鲁藏布汇缝合带;THS—特提斯喜马拉雅岩系;TTS—三叠系-第三系岩系;

XFB—日喀则弧前盆地;GCT—冈底斯中央逆冲断裂

把新特提斯洋向北的初始俯冲的时间提前至晚三叠世[173]。

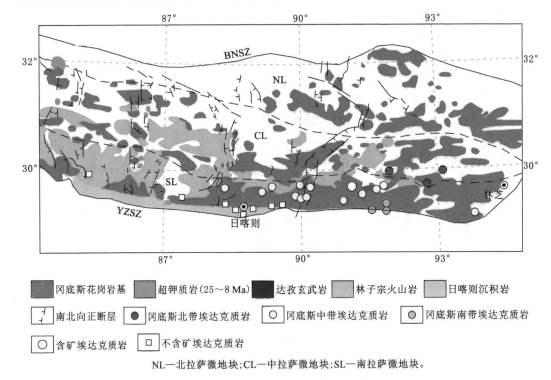

冈底斯花岗岩基　　超钾质岩(25～8 Ma)　　达孜玄武岩　　林子宗火山岩　　日喀则沉积岩

南北向正断层　●冈底斯北带埃达克质岩　○冈底斯中带埃达克质岩　◐冈底斯南带埃达克质岩

◎含矿埃达克质岩　□不含矿埃达克质岩

NL—北拉萨微地块;CL—中拉萨微地块;SL—南拉萨微地块。

图 2-10　冈底斯带埃达克岩及超钾质岩分布

2.1.3.2　中新世岩浆岩

伴随着青藏高原大规模的隆升活动,中新世花岗质岩浆开始上侵就位。从冈底斯中新世岩浆岩成因的角度看,近年来的研究表明,其可以划分为钾质-超钾质岩和埃达克质岩两大类。在空间分布上(图 2-10),这两类岩石显示出一定的区域规律性,具体来说,钾质岩在东起拉萨、西至狮泉河的范围内广泛分布,而超钾质岩一般仅分布于 87°E 以西地区较小范围内;而与成矿有关的埃达克质岩,更只局限于墨竹工卡至尼木县范围之内(90°～92°E),东西长 200 km 左右[174,175]。中新世岩浆岩以酸性侵入岩为主,多以小岩株、岩滴、岩瘤状产出,岩石类型主要包括二长花岗斑岩、花岗斑岩和花岗闪长斑岩等。大量的年代学研究表明,中新世岩浆岩集中侵位时间在 18～12 Ma 之间[176,177]。

冈底斯成矿带上的中新世埃达克质岩分布具有东西走向、带状展布、呈小规模侵入(岩枝或岩株)、岩石偏酸性等特点(图 2-10),主要的岩石类型包括石英二长岩、花岗闪长岩和英云闪长岩等。针对冈底斯带埃达克质岩成因的研究是近年来的热点课题,关于埃达克质岩成因及动力学机制,目前尚存诸多分歧,主要可以归纳成如下四种成因模型:加厚的新生镁铁质下地壳熔融[178];加厚的西藏下地壳[162]或俯冲的印度下地壳熔融[179];俯冲板片物质改造的岩石圈地幔熔融[177];俯冲的新特提斯洋壳板片熔融[180,181]。

2.1.4 区域矿产资源

冈底斯成矿带矿产资源十分丰富,以铜、铅、锌、钼、金等有色金属和铁、铬等黑色金属为优势矿种,具有品位较高、储量巨大等优点。此外还广泛发育有化工原料、建筑材料、地下热水和能源燃料等非金属矿种,冈底斯成矿带已成为我国最重要的资源产业基础。详细的矿产统计列于表2-4。

表2-4 冈底斯成矿带矿产统计表

矿种		矿床	矿点	矿化点	合计	矿种		矿床	矿点	矿化点	合计
有色及其他金属	铜	7	9	11	27	建筑材料及其他非金属	菱镁矿	1	2		3
	铅锌	5	7	14	26		瓷土		1	4	5
	锑		1		1		石膏		1	1	2
	锡		1		1		石墨	1			1
	汞		3	4	7		石灰石		10		10
	金	2	7	2	11		大理岩		1		1
	铂族		4	2	6		石英岩		2		2
	钼	2	1	1	4		萤石		1		1
黑色金属	铁	1	18	15	34		仁不玉		1		1
	锰			2	2		蛇纹石		1		1
	铬	4	8	9	21		滑石	1			1
	钛	1	1	1	3		高岭土				
化工原料	硫	1	7		8	地下热水	温泉		1		1
	磷			18	18		热泉	2	4		6
	明矾石			1	1	可燃矿产	煤	3	4	11	18
特种非金属	硼	2	6		8		泥炭	5	8	10	23
	云母	1			1		油页岩		3		3
	水晶	2	6		8		石油		1		1

2.2 区域背景及成矿作用

2.2.1 区域构造背景及演化

晚石炭世以来,区域上经历了长期而又复杂的构造演化历程,整体上分为特提斯洋演化、印度板块与亚洲板块碰撞造山和后造山伸展3个阶段(表2-5)。

冈底斯碰撞造山带是由一系列古生代、中生代地体拼合而成[182]。如上文所述,随着冈底斯南部一套晚三叠世-早侏罗世且具有弧型岩浆性质的花岗质岩石的发现,新特提斯洋开始向北俯冲的时间从早侏罗世提前至晚三叠世。直到55 Ma甚至更早,新特提斯洋消亡[183],印度-亚洲大陆随后进入碰撞造山和后碰撞伸展阶段(图2-11)。

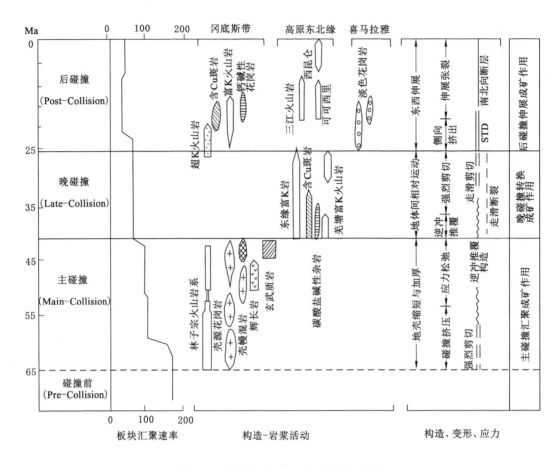

图 2-11　青藏高原碰撞造山阶段时空框架

表 2-5　冈底斯带构造演化历史

演化阶段	时代	主要演化过程
古特提斯洋俯冲阶段	C_2-P	晚石炭世至二叠纪,以班公湖-怒江缝合带为代表的特提斯大洋向南俯冲,导致隶属于冈瓦纳大陆群的印度板块北缘的构造体制发生从被动大陆边缘到活动大陆边缘的重大转换
古特提斯洋俯冲后期	T_{1-2}	早-中三叠世,冈底斯带继承了晚古生代构造演化趋势,但大部分区域隆升,表现为陆缘弧上的查曲浦弧火山活动,以及雅鲁藏布初始裂陷盆地的形成
岛弧增生阶段	T_3	晚三叠世,羌塘-三江多岛弧造山带增生到扬子大陆边缘构成亚洲大陆板块的一部分,与印度板块发生相互作用,同时由于受特提斯大洋向南俯冲的制约,在冈底斯带-喜马拉雅带发生了一系列地质事件,包括冈底斯陆块与印度陆块的分离等
新特提斯洋壳俯冲阶段	J_{1-2}	早-中侏罗世,冈底斯带东段南侧发育具有双峰式火山活动为特征的叶巴火山弧,暗示雅鲁藏布洋盆东段初始向北低角度俯冲
多岛弧盆阶段	J_3	晚侏罗世,冈底斯地区呈现出复杂的多岛弧盆系格局,班公湖-怒江特提斯洋向南、雅鲁藏布新特提斯洋向北双向俯冲

表 2-5(续)

演化阶段	时代	主要演化过程
双向俯冲阶段	K_1	早白垩世,冈底斯带存在与晚侏罗世同样的双向俯冲系统,班公湖-怒江特提斯洋后退式俯冲导致东恰错增生弧的形成
弧-陆碰撞阶段	K_2	晚白垩世,班公湖-怒江特提斯洋最终消亡,亚洲大陆与冈底斯复合岛弧发生强烈的弧-陆碰撞,雅鲁藏布洋盆进一步向北俯冲
大陆碰撞阶段	E_{1-2}	白垩纪末至始新世,发生大陆碰撞作用,表现为南冈底斯大陆边缘俯冲造山的科迪勒拉型造山作用,后陆褶皱-逆冲带、班公湖-怒江走滑拉分带形成,特提斯残余海彻底消亡
后造山伸展阶段	N_1	中新世,在冈底斯大规模隆升(达到极限)之后,进入后造山伸展阶段,花岗岩浆侵位产生一系列斑岩及火山岩

新近纪岩浆-变形事件与冈底斯斑岩铜矿带的形成息息相关,该期事件具有如下特征(图 2-12):30～24 Ma 期间,发育大规模逆冲推覆构造系统;21～18 Ma 期间,冈底斯花岗岩基快速抬升、剥蚀[184,185];18 Ma 前后,发生东西向伸展[186];14～13.5 Ma 期间,产生南北向裂谷、正断层系统[187,188];25～10 Ma 期间,钾质-超钾质火山-岩浆活动[189-191]。伴随上述地

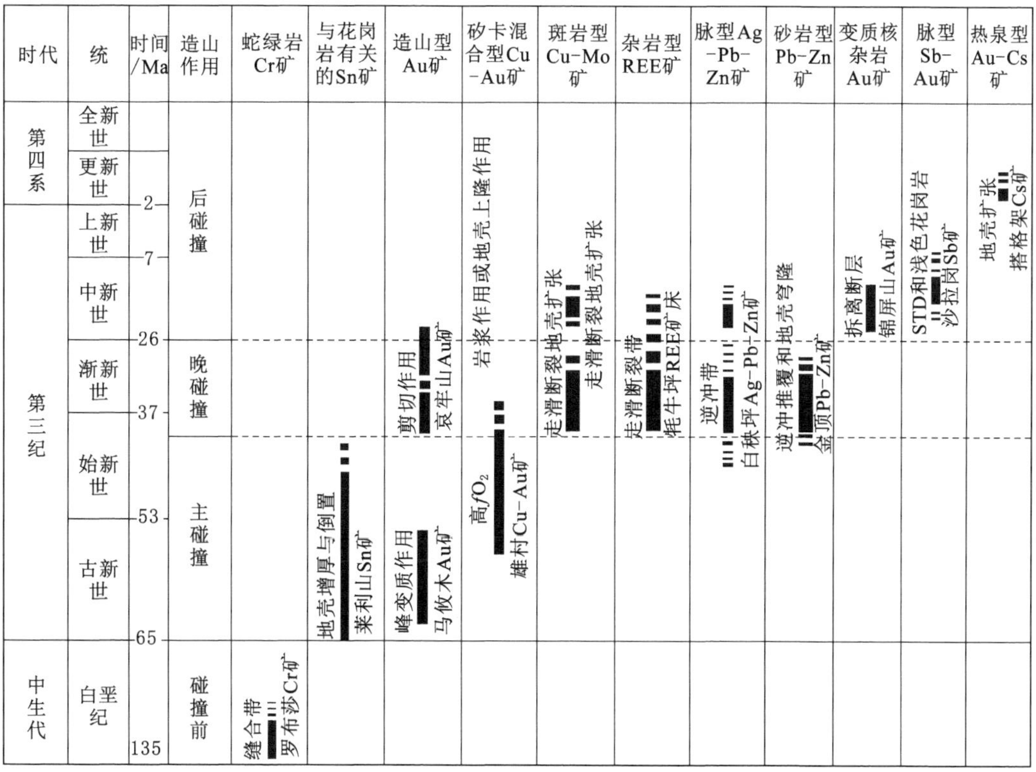

时代	统	时间/Ma	造山作用	蛇绿岩Cr矿	与花岗岩有关的Sn矿	造山型Au矿	矽卡混合型Cu-Au矿	斑岩型Cu-Mo矿	杂岩型REE矿	脉型Ag-Pb-Zn矿	砂岩型Pb-Zn矿	变质核杂岩Au矿	脉型Sb-Au矿	热泉型Au-Cs矿
第四系	全新世		后碰撞				岩浆作用或地壳上隆作用							地壳扩张 搭格架Cs矿
	更新世	2						走滑断裂地壳扩张	走滑断裂地壳扩张					
	上新世	7												
	中新世	26			剪切作用 哀牢山Au矿				牛坪REE矿床	逆冲带 白秦坪Ag-Pb-Zn矿	逆冲推覆和地壳穹隆 金顶Pb-Zn矿	拆离断层 錫屏山Au矿	STD和浅色花岗岩 沙拉岗Sb矿	
第三纪	渐新世	37	晚碰撞						走滑断裂带					
	始新世	53	主碰撞	地壳增厚与倒置 莱利山Sn矿	峰变质作用 马攸木Au矿	造山型Au矿	高fO₂ 雄村Cu-Au矿							
	古新世	65												
中生代	白垩纪	135	碰撞前	缝合带 罗布莎Cr矿										

图 2-12 青藏高原碰撞造山带成矿事件年代格架

质事件的发生,冈底斯带与成矿有关的斑岩体逐渐形成,其上侵就位受东西向逆冲断裂和南北向正断层系统的联合控制,形成于印度-亚洲大陆后碰撞地壳伸展阶段,大量年代学资料表明其形成时代介于 19.7～12.2 Ma 之间,侵位高峰集中于 16 Ma 左右。

2.2.2 青藏高原成矿作用

65 Ma 以来,青藏高原发生了大规模的碰撞造山活动,而且至今没有停止,所形成的矿床具有种类繁多、后期改造轻微、形成时代年轻、保存条件优越等特点。侯增谦等[192]提出了青藏高原碰撞成矿理论体系,划分出了主碰撞汇聚成矿、晚碰撞转换成矿和后碰撞伸展成矿三大成矿作用,并涵盖了十个重要成矿系统及十余种典型的矿床类型。① 主碰撞汇聚成矿阶段:与壳源低氧逸度花岗岩浆有关的岩浆-热液型锡矿床、造山型 Au 矿床[193],与壳幔混合源高氧逸度岩浆有关的岩浆-热液型铜-金-铅-锌-钼-铁矿床[194];② 晚碰撞转换成矿阶段:与碳酸盐岩-正长岩杂岩相伴的 REE 矿床和斑岩型铜-钼-金矿床,产于前陆盆地的热液型铅-锌-银矿床和剪切带内造山型金矿床[195];③ 后碰撞伸展阶段:斑岩型铜-钼-(金)矿床、脉型锑-金矿床以及矽卡岩型和热液脉型铅-锌-银矿床[196]。

3　矿床地质特征

3.1　矿区地质

岗讲铜钼矿床成矿带位于冈底斯成矿带中段,大地构造位于冈底斯-念青唐古拉板片的冈底斯陆缘火山-岩浆弧,行政上隶属于西藏自治区拉萨市尼木县帕古乡管辖,面积为 $29.87\ km^2$,矿区地质简图见图 3-1,矿区全景见图版 I-1。

3.1.1　地层

研究区以大面积出露喜山期酸性浅成-超浅成侵入岩和多期次岩脉相互穿插为特色,火山-沉积地层极少,仅在研究区北部边缘位置分布有上白垩统地层和古近系始新统地层,此外,在河谷和坡脚位置还不同程度覆盖有第四系冲、洪积物和冰碛物。由老到新阐述如下:

(1)古近系始新统典中组(E_1d)

仅在矿区东北角有部分出露,岩性组合以黑云母安山岩、玄武质凝灰岩为主,夹有火山集块岩,凝灰岩上部出现有流纹质英安岩,研究区内厚度不详,区域上该地层厚度约 1 162 m。

(2)第四系(Q)

本次仅独立区分出冲、洪积物和冰碛物,没有进一步细分。冲、洪积物(Q^{pal})主要分布于矿区的沟谷地带,岩性以松散黏土、砂砾、淤泥和砂土为主,局部底层见泥质粉砂岩固结成层,与下伏地层、侵入岩体呈不整合接触。冰碛物(Q^{gal})主要分布于矿区北部、南部地区,表现为花岗岩类巨砾和砂土,地表为高原草甸。

3.1.2　构造

矿区构造以断裂构造为主,亦发育节理构造。断裂构造以近东西向和近南北向断裂为主,次为其派生的北西向和部分北东向断裂。矿区主要断裂特征列于表 3-1。基于野外地质调查,获知不同断裂构造的地貌特征、相互切割关系、平面延伸形态等,同时结合区域地质资料,初步划分出区内不同走向断裂活动的先后关系,分述如下:

(1)第一期(近东西向大断裂)

主要包括矿区北部的多列曲断裂、中部的古清沟断裂,该期断裂构造构成了矿区主体的构造格架,为区域性东西向控岩断裂晚期活动产物。两组断裂性质均为逆冲断裂,断面北倾。其中,多列曲断裂具有多期次活动特征,并错移南北向断裂,在 GJ03 钻孔附近特征尤为明显。

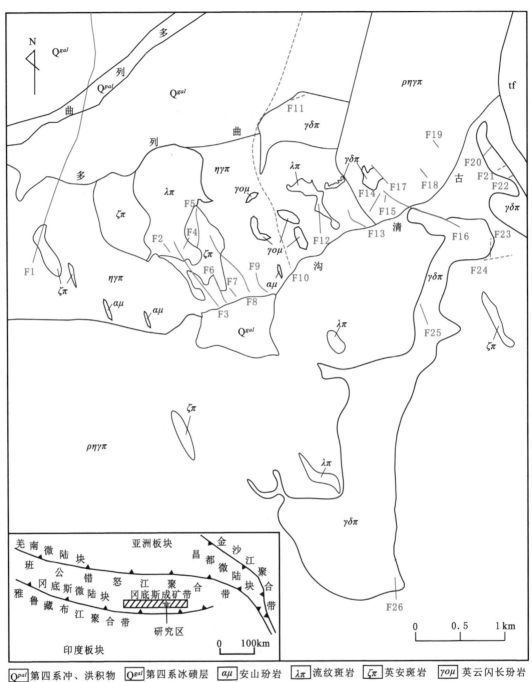

图 3-1　岗讲矿区地质简图

表 3-1 岗讲矿区主要断层特征一览表

编号	走向	断面产状	性质	特征描述
F1	近 SN	271°∠70°	先张后剪	地表为负地形沟谷
F2	310°	不清	正断层	地表见残积含红褐色氧化物次生石英岩
F3	330°	向南西陡倾	压扭性	见断层角砾岩,发育网脉状石英脉,辉钼矿细脉
F4	20°	110°∠52°	压扭性	东侧弱片理化英安斑岩,西侧具风化的褐红至杂色英安岩
F5	188°	98°∠64°	压扭性	破碎弱片理化英安斑岩
F6	321°	231°∠72°	压扭性	破碎黑云母二长花岗斑岩发育石英网脉,含团块状和细脉状辉钼矿、薄膜状孔雀石
F7	310°	220°∠81°	压扭性	褐铁矿化黏土化破碎二长花岗斑岩松散碎块
F8	326°	236°∠68°	张扭性	主要为破碎的英安斑岩,穿插有两条深灰绿色安山岩脉,其厚度 30~50 cm
F9	309°	219°∠61°		碎裂二长花岗岩,断层西侧为英安斑岩
F10	南端 336° 北端 20°	246°~290° ∠61°~77°	推测正断层	破碎二长花岗岩,含次生石英岩,沿该带附近分布有较多英安斑岩小岩体或小岩脉
F11	67°	近直立	性质不明	地表为水沟,断层东侧有一花岗闪长岩小岩体
F12	170°	80°∠74°	右行压扭	断层两侧均为二长花岗斑岩
F13	327°	237°∠58°	压扭性	破碎带东侧为二长花岗斑岩,西侧为花岗闪长岩斑岩和小的流纹斑岩脉
F14	25°	115°∠68°	逆断层	断层两盘均为含巨斑黑云母二长花岗岩
F15	15°	105°∠89°	正断层	断层两盘均为含巨斑黑云母二长花岗岩
F16	300°~325°	35°~60°∠88°	正断层	西北端两盘均为含巨斑黑云母二长花岗岩,东南端伸入花岗闪长斑岩中,中段为小的安山岩脉,南段为小的破碎英安斑岩
F17	349°	259°∠51°	逆断层	褐铁矿化次生石英岩,西侧花岗闪长斑岩;东侧二长花岗斑岩
F18	316°	226°∠60°	张性正断层	断层两盘均为含巨斑黑云角闪二长花岗岩,见一宽 93 cm 安山玢岩脉顺断层上侵,两侧接触面平整
F19	328°	238°∠55°	压性逆断层	见断层角砾岩,断层位于含巨斑黑云母二长花岗岩中
F20	230°	140°∠84°	压扭性断层	断层位于花岗闪长斑岩内
F21	241°	不清	推测断层,性质不明	地表为负地形
F22	241°	151°∠57°	压扭性断层	断层破碎带中见石英脉侵入,断层两盘均为花岗闪长斑岩
F23	35°	305°∠71°	推测断层,性质不明	下盘为花岗闪长岩,上盘为流纹斑岩
F24	81°	不清	推测断层,性质不明	地形为山沟
F25	333°	243°∠69°	正断层	两侧均为含钾长石巨斑花岗闪长岩
F26	360°	270°∠68°	正断层	旁侧为花岗闪长斑岩,见石英细脉穿插

（2）第二期（近南北向或北东向断裂）

主要包括矿区内的F5、F10、F12等断裂,性质为先张后剪。该期断裂对矿区后期岩枝、岩脉控制作用明显,后期岩脉虽破坏岩体形态,但其对主矿化元素有进一步活化富集的作用,因此该期断裂与成矿关系最为密切。

（3）第三期（北西向断裂）

主要包括矿区内的F3、F6、F8、F9、F16断裂。该期断裂规模普遍较小,是矿区更次一级的断裂构造,地表和浅部以张性为主,深部多为压性。断裂带多见角砾岩、碎裂岩和断层黏土等。该期断裂主要对矿体的氧化淋滤、表生富集作用明显,使得地表氧化矿品位变富。

矿区内构造节理普遍发育,原生节理次之。构造节理多为剪性共轭 X 型节理,具有节理裂隙面平直、延伸远、产状陡等特点,节理裂隙率一般为 $8\sim12$ 条/米,局部密集可达 30 条/米。节理裂隙填充物多为石英-方解石脉、石英-硫化物脉和孔雀石薄膜等。节理构造对铜钼主成矿元素改造富集作用显著,是岗讲矿床主要的控矿构造。

3.1.3 岩浆岩

矿区岩浆活动强烈,侵入岩广泛发育,火山岩分布较少。岩石类型以中酸性二长花岗斑岩和含巨斑黑云母花岗闪长斑岩为主,花岗闪长斑岩、流纹斑岩、英云闪长玢岩、英安斑岩和安山玢岩较发育。含巨斑黑云母二长花岗岩呈岩基产出,二长花岗斑岩呈岩株产出,后期岩体多呈岩枝（脉）产出于早期岩体中。其中,二长花岗斑岩与铜钼矿化关系最为密切,为矿区最主要的赋矿岩体。研究表明,岩浆上侵就位主要与喜山早期运动有关,成岩时代为中新世。

关于侵入岩岩石学、岩相学和岩石地球化学等相关研究将于第4章做详细论述,以下就矿区侵入岩产出特征进行简单介绍。

（1）含巨斑黑云母二长花岗岩（$\rho\eta\gamma\pi$）：呈岩基广泛分布于矿区南端（古清沟南侧）,构成含矿斑岩体外部围岩,与二长花岗斑岩接触部位常发育中等钾化蚀变,钾长石斑晶次生加大而呈巨斑状,偶见钾长石细脉、网脉分布,零星分布有铜钼矿化。

（2）二长花岗斑岩（$\eta\gamma\pi$）：主要就位于古清沟北侧、矿区中部位置,岩体呈隐伏-半隐伏岩株状近东西向产出,构成矿区主要的矿化中心,区内蚀变及铜钼矿化与该期岩浆侵入活动关系密切,为斑岩铜钼矿体最主要的赋矿与成矿岩石。

（3）花岗闪长斑岩（$\gamma\delta\pi$）：主要位于矿区东南部,呈北北东向展布,呈岩株或岩脉产出。

（4）流纹斑岩（$\lambda\pi$）、英云闪长玢岩（$\gamma o\mu$）：分布于岗讲矿区中部位置,地表呈岩盖覆盖于二长花岗斑岩之上,泥化蚀变发育;深部定名为英云闪长玢岩,多呈岩脉穿插于早期二长花岗斑岩体中,一方面破坏矿化斑岩体形态完整性,另一方面也对早期矿化进行叠加、改造,形成较富矿体,英云闪长玢岩脉本身比较"干净",无矿化或弱矿化。

（5）英安斑岩（$\zeta\pi$）：侵位于矿区中部,近南北向展布,主要呈岩脉状侵入于二长花岗斑岩体中,岗讲Ⅰ号矿体南部遭其破坏分为东、西两段。岩石蚀变程度一般较弱。

（6）安山玢岩（$\alpha\mu$）：主要以小脉体状沿断裂破碎带贯入早期岩体中,往往具有冷凝边,是区内最晚一期岩浆侵入活动。安山玢岩小脉体大部分出露于古清沟旁侧,基本未见矿化,与成矿关系不大。

3.2 矿床地质

3.2.1 矿体特征

3.2.1.1 矿体分布及产出特征

矿体主要赋存于二长花岗斑岩中,为半隐伏-隐伏矿体。由于矿体是铜、钼同体共生,与围岩没有明显的界线,并且矿石中铜、钼含量大多数在单矿种边界品位附近(Cu 平均含量0.3％左右,Mo 平均含量 0.03％左右),采用单矿种指标难以进行矿体圈定。因此矿体储量估算需要参照《矿产资源勘查综合评价规范》,采用钼折算成铜(等值铜 Eq)的方法来进行矿体圈定(圈定指标:EqCu 0.3％,夹石剔除厚度和最小可采厚度均为 2 m)。岗讲矿区共圈定2 个矿体 Cu-Ⅰ和 Cu-Ⅱ(图 3-2),其中 Cu-Ⅰ号矿体为主要矿体,Cu-Ⅱ号矿体规模较小,仅有少量工程控制。

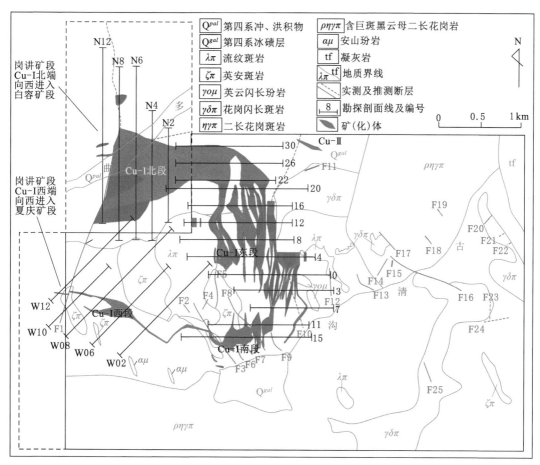

图 3-2 岗讲矿床矿体平面投影及主要勘探剖面线位置

Cu-Ⅰ矿体:总体呈环状展布,其北西端已跨入白容勘查区,在岗讲矿段内呈"U"型展布,北西西向开口,含矿岩石主体为二长花岗斑岩,后期穿插其中的英安斑岩、花岗闪长斑岩、英云闪长玢岩及安山玢岩脉局部也具有矿化,但强度较弱。矿体南部被英安斑岩切断,分为东西两段矿体。① 东段矿体总体呈开口向西的半环形、"J"型展布,长轴近南北向,长度约 3.5 km,平均宽度 380 m,面积约 1.87 km²。矿体由 27 条探槽(包括剥土)和 74 个钻孔控制,结果显示矿体北部比较完整,南部则被后期岩脉穿插,破坏严重。矿石品位 Cu:0.26%~0.36%,最高 4.20%;Mo:0.02%~0.04%,最高 1.22%;矿段平均品位 Cu:0.274%,Mo:0.035%,EqCu 0.443%。② 西段矿体地表控制长约 1.2 km,平均宽约 200 m,面积约 0.25 km²。矿体由 10 条探槽和 7 个钻孔控制。矿石品位 Cu:0.20%~0.45%,最高 0.59%;Mo:0.01%~0.11%,最高 0.26%;矿段平均品位 Cu:0.23%,Mo:0.04%,EqCu 0.445%。

Cu-Ⅰ矿体北西端延入白容勘查区部分:位于白容勘查区南东角,地表均为较厚的冰碛覆盖层,深部由 13 个钻孔控制,矿体东西长约 700 m,南北宽约 400 m,氧化矿不发育,主要为原生矿,单层矿体厚度一般为 8.0~94.1 m,最厚可达 153.2 m,平均品位:Cu 0.3%,Mo 0.032%,EqCu 0.45%。

Cu-Ⅱ矿体:矿体规模较小,位于 Cu-Ⅰ矿体北东侧,由 GTC009A 探槽和 GJ03、GJ04 两个钻孔控制。地表矿体宽约 3.5 m,矿石平均品位 Cu:0.157%,Mo:0.053%,EqCu:0.663%;GJ03 见矿 3 层,单层厚度 4~12 m,累计厚度约 22 m,矿石平均品位 Cu:0.208%,Mo:0.028%,EqCu:0.460%;GJ04 钻孔见矿 4 层,单层厚度 4~12.2 m,累计厚度约 30.2 m,矿石平均品位 Cu:0.295%,Mo:0.040%,EqCu:0.637%。

由于岗讲铜钼矿体空间分布范围较大,其形态、产状和内部结构异常复杂,以下分别从东段、南段和北段矿体三个方面来加以阐述。

(1)东段矿体

岗讲东段矿体总体走向为近南北向,向西陡倾,由一系列近平行产出的板状次级矿体组成,板状次级矿体最大厚度可达 80 m 左右,最小为 2 m,构成 Cu-Ⅰ号矿体的主体部分(图 3-3)。东段矿体分布于 15 线~26 线之间,由北向南的 16 线、8 线、0 线和 3 线联合剖面图(图 3-4)及矿体 4 700 m 中段平面图(图 3-5)可以看出,岗讲东段矿体总体走向(4 个剖面中矿体重心连线的走向)为近南北向(350°左右),向西呈陡倾状,这和野外观察到的现象基本一致。岗讲矿区矿化富集主要由含矿石英细脉和石英硫化物细脉发育密度所决定,在氧化带中也受后期断裂构造所控制。根据地质考查(露头和钻孔)得知,岗讲东段含硫化物石英脉产状变化于 280°~300°∠60°~80°(走向北北东,向北西向陡倾)(图版Ⅰ-2)。同时还发现,岗讲东段矿体向南,单个板状矿体厚度逐渐减薄,这可能由于东段矿体的南端已经位于矿化带的边缘,已经偏离岗讲矿化中心。

(2)南段矿体

岗讲南段目前控制工程相对较少,根据地表观测,南段矿体的总体走向为北西西,向南西陡倾斜(图版Ⅰ-3)。南段矿体主要由 4~5 条板状次级矿体组成,各自厚度都不大(2~5 m),间距为 50~100 m。这些矿体沿北西西方向延伸至岗讲西段。

(3)北段矿体

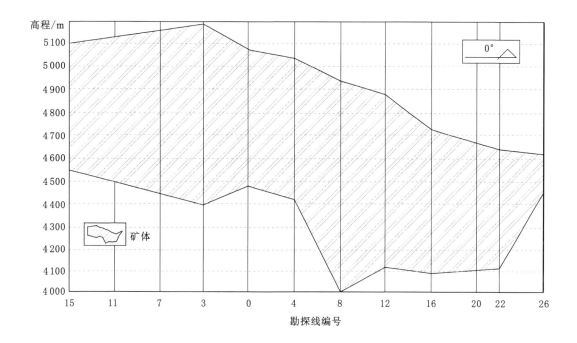

图 3-3　岗讲 Cu-Ⅰ 矿体东段纵投影图

北段矿体位于多列曲大沟南坡,大部分地区有上百米的冰碛物、坡积物覆盖层,露头极少,仅在西端 12 线以西子东曲图附近冲沟中有露头一处,东端在钻孔 GJ03、GJ04 基台附近有露头一两处。目前已施工多个钻孔,见矿效果较好。根据地表露头观测,探槽 XTC001 揭露矿化体的产状为 $180°∠50°$,东西走向,向南倾斜(图版Ⅰ-4,图 3-6)。

3.2.1.2　矿体厚度、品位变化

通过收集岗讲 Cu-Ⅰ 号矿体已有钻孔 Cu、Mo 含量测试数据以及构成工业块段的平均品位数据,对矿体的厚度及品位进行相关分析研究,并探讨其空间变化规律。

(1)岗讲 Cu-Ⅰ 号矿体 Cu、Mo 品位分布柱状图(图 3-7)表明,Cu-Ⅰ 号矿体 Cu 呈现明显的左倾趋势,且分布比较单一,呈单峰分布,Cu 品位数据多集中在 0.2%～0.4% 之间,所占比例达 81%,高品位矿石极少,总体显示低品位矿体特征。Mo 品位分布呈现与 Cu 品位相似的分布特点,单峰分布,数据多集中于 0.01%～0.03% 之间,所占比例达 78%。Cu、Mo 品位变化的相似性表明两者形成的伴生组合关系,品位的单峰分布特征暗示构成矿体的矿石类型可能比较简单,成矿作用单一。整体上看,Cu-Ⅰ 矿体厚度变化系数 99.7%,厚度变化相对比较稳定,铜品位平均 0.302%,钼平均品位 0.030%,对应的变化系数分别为 50.4% 和 55.3%,变化程度较小,属于较均匀型。

(2)在走向上(由北至南),矿体厚度变化最为显著(图 3-8),以 8 号勘探线为界,北段矿体厚度较大,平均 50 m 左右,南段矿体厚度较小,平均 20 m 左右。

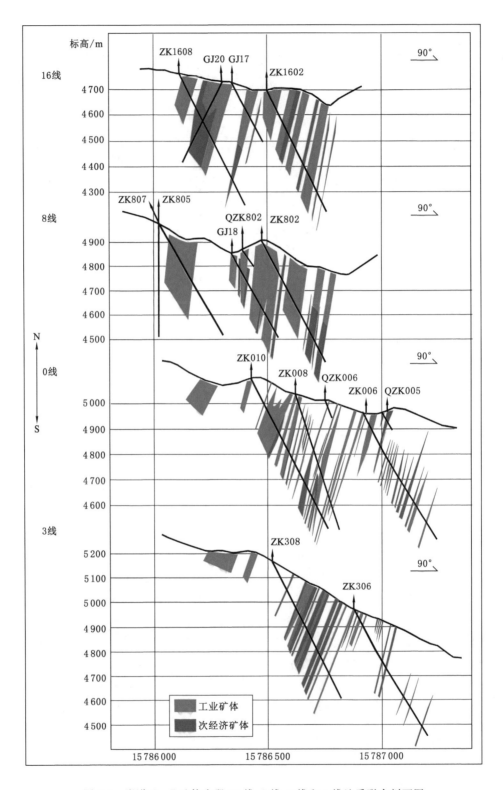

图 3-4　岗讲 Cu-Ⅰ矿体东段 16 线、8 线、0 线和 3 线地质联合剖面图

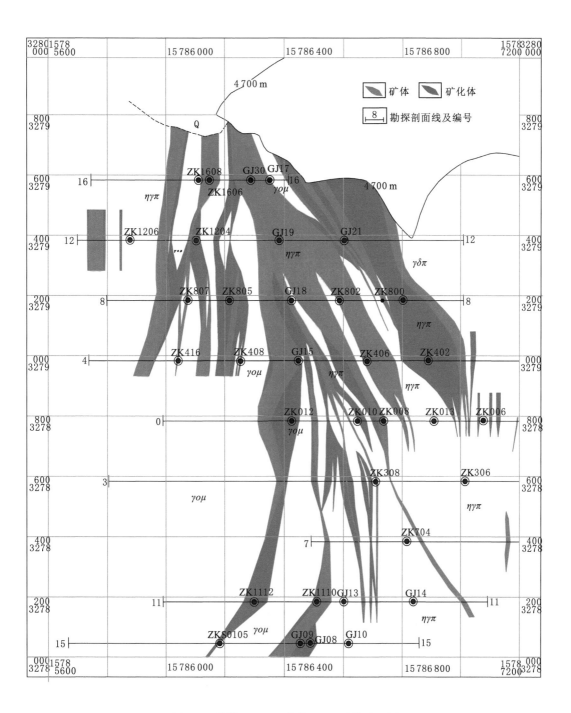

图 3-5 岗讲 4 700 m 中段 Cu-Ⅰ矿体平面图

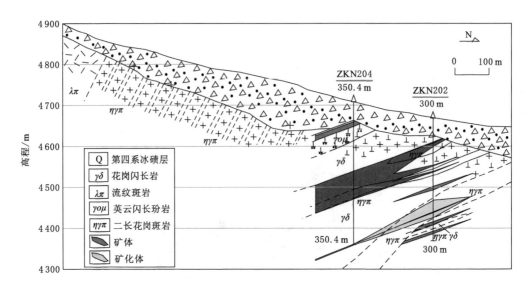

图 3-6　岗讲 Cu-Ⅰ矿体北段 N2 勘探线剖面图

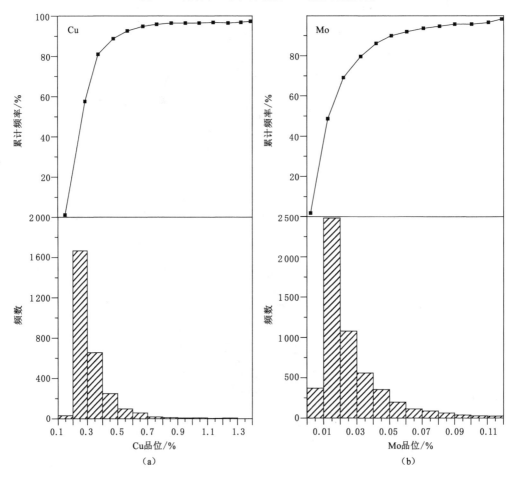

（a）　　　　　　　　　　　　　　　（b）

图 3-7　岗讲 Cu-Ⅰ矿体品位分布柱状图

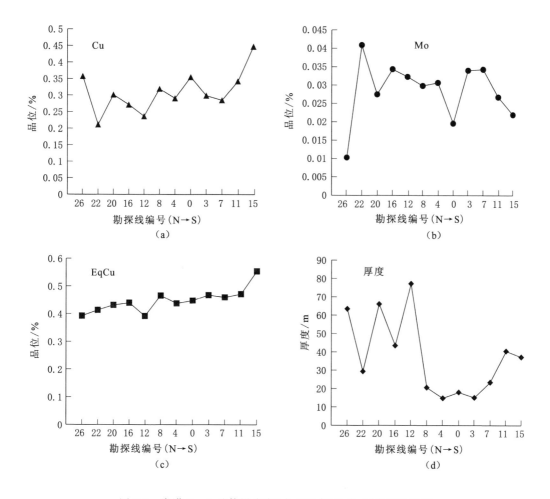

图 3-8　岗讲 Cu-Ⅰ矿体沿走向(由北至南)品位、厚度变化曲线

铜品位及等值铜值变化比较稳定,南段略高于北段,钼品位由北至南呈小幅度下降趋势,铜和钼品位变化与厚度变化关系不太明显。氧化矿、混合矿、硫化矿铜、钼品位南段略高于北段,三者的厚度均以 12 线为界,南北逐渐降低(图 3-9)。

(3)在倾向上(由东至西),以 4 号勘探线为例,矿体的等值铜含量没有太大变化,但是西边矿体厚度明显大于东边矿体(图 3-10)。

3.2.2　矿石特征

3.2.2.1　矿石类型

岗讲矿床矿石成岩类型、矿体产出特征、矿化赋存岩石、矿石矿物组合特征、矿石结构构造特征等表明,其为斑岩型铜钼矿石类型,主要产出于二长花岗斑岩中,后期岩枝、岩脉局部也有产出,形成以较高品位铜矿为主、含钼矿化的铜钼矿石。矿石自然类型主要包括近地表、断裂破碎带附近发育的金属氧化物矿石、原生金属硫化物矿石和脉石。

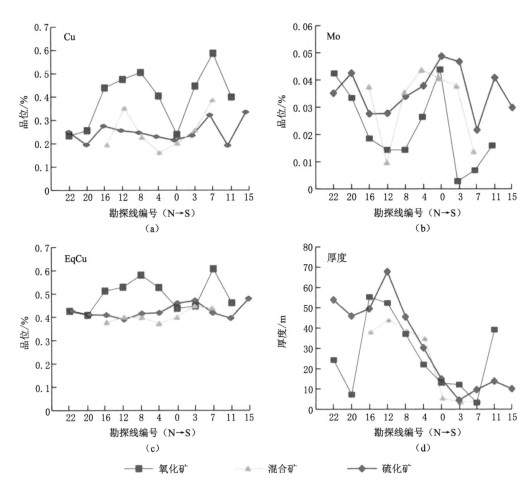

图 3-9　岗讲 Cu-Ⅰ矿体沿走向（由北至南）氧化矿、混合矿及硫化矿品位、厚度变化曲线

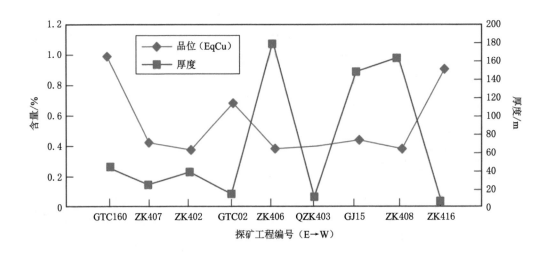

图 3-10　岗讲 Cu-Ⅰ矿体沿倾向品位、厚度变化曲线

关于氧化矿的成因,主要有两种:① 在风化、淋滤作用下,成矿物质从上部或边部岩石中带出,并在寄生岩石节理裂隙面上沉淀形成分布较均匀的孔雀石薄膜,这种矿化形式寄生岩石本身为弱矿化、无矿化,并且矿化规模小,多见于地表以深 20～80 m 处;② 在物理化学条件共同作用下,矿化岩石本身次生富集形成氧化矿,亦可称为混合型矿体,多见于第一种成因形成的氧化矿下部、地表以深 80～230 m 位置,该成因类型的氧化矿往往是深部原生硫化矿在较浅部位的反映,一般可以用来指示寻找深部原生矿体。

3.2.2.2 矿物组成

岗讲矿床表生氧化金属矿物以孔雀石为主,次为蓝铜矿、褐铁矿和辉铜矿,当褐铁矿与孔雀石共生时,褐铁矿中含有较高含量的铜;原生金属矿物主要包括黄铜矿、辉钼矿、黄铁矿,偶见斑铜矿、闪锌矿等;脉石矿物有石英、长石、黑云母、绢云母等,偶见角闪石、硬石膏等。主要金属矿物特征如下:

孔雀石:鲜绿色、浅绿色,呈星散、球粒胶状,放射纤维状,主要以不均匀星点、浸染状,少许薄膜状分布,局部地表沿岩石节理裂隙呈块状脉体,脉宽 5 mm 左右。

黄铜矿:铜黄色,表面偶见蓝、紫褐色斑状锖色,单晶粒度 0.01～0.4 mm,它形、半自形粒状集合体,呈极不均匀星点状、团粒(块)状、细脉-浸染状分布于岩石中。

辉钼矿:铅灰色,粒度一般为 0.1～0.4 mm,粗者达 0.8 mm,粒状或鳞片状集合体,呈细脉状(脉宽<1 mm)、星点状分布,偶见包含黄铜矿。

黄铁矿:浅铜黄色,多为它形-半自形,少许立方体自形,粒宽 0.05～0.5 mm,偶达 1 mm,一般呈星点状、细脉-浸染状、团块(粒)状分布于岩、矿石中。

蓝铜矿:蓝色,多为它形粒状集合体,粒宽 0.01～0.5 mm,常与孔雀石共生,呈薄膜状发育于岩、矿石中。

3.2.2.3 矿石结构构造

岗讲矿床矿石结构较为复杂,主要包括以下五类:

自形粒状结构:由自形结晶的黄铁矿、黄铜矿等金属硫化物呈晶粒状均匀或不均匀分布于容矿岩石中。

自形-它形粒状结构:与自形粒状结构的区别在于矿石矿物的结晶程度不同。

包裹结构:早期形成的矿石矿物(如黄铁矿、黄铜矿等)被后期形成的矿石矿物或蚀变矿物所包裹,如黄铁矿被黄铜矿包裹,黄铜矿被硅化石英包裹等。

交代熔蚀结构:黄铜矿被熔蚀呈港湾状、岛状等。

交代残余结构:如黄铜矿中有黄铁矿的交代残留体,辉钼矿中有黄铜矿的交代残留包裹体等。

岗讲矿床矿石构造主要有以下五种类型:

浸染状构造:黄铜矿、黄铁矿、辉钼矿等以浸染状产出于岩、矿石中,金属硫化物结晶颗粒较小(图版Ⅰ-5、Ⅰ-6、Ⅰ-7、Ⅱ-1)。

细脉-浸染状构造:从钾化→钾化晚期→绢英岩化,可以分为石英-钾长石-硫化物脉型→石英-硫化物脉型→石英-绢云母-硫化物脉型,统计现有数据表明,单一的浸染状矿化铜、钼品位一般达不到工业要求,而在后期脉状矿化和浸染状矿化相互叠加的部位铜、钼含量有明显提高(图版Ⅱ-2、Ⅱ-3)。

薄膜状构造：多见于氧化矿石中，表现为孔雀石呈薄膜状、薄片状发育于岩、矿石中（图版Ⅱ-4）。

斑团状构造：在斑岩体局部黄铜矿以致密块状形式产出，形成高品位铜矿石（图版Ⅱ-5）。

粗大脉状构造：表现为黄铜矿-石英粗脉和辉钼矿-石英粗脉，测试表明，该类岩石铜钼品位每吨高达数千克，但其分布极不均匀，仅见于斑岩体硅化核内部（图版Ⅱ-6）。

3.2.2.4　伴生组分

岗讲矿区样品的组合分析表明，矿区矿石伴生有益元素有 Au、Ag、Re。221 件组合样品中，伴生 Ag 达到综合利用指标（品位≥1 g/t）样品 139 件，平均含量为 4.53 g/t；伴生 Au 达到综合利用指标（品位≥0.1 g/t）样品 19 件，平均含量为 0.21 g/t；所有样品中均含有 Re，平均含量为 0.329 g/t。

同时对组合样品中 As、Zn 等有害元素进行了测试分析，结果显示 As 平均含量小于 0.02％，Zn 含量一般介于 0.01％～0.05％，最高为 0.12％。两者均在允许范围以内（As 含量＜0.3％，Zn 含量＜6％）。

3.2.3　铜钼矿化元素垂向分带

收集已有钻孔资料，通过统计主成矿元素 Cu、Mo 品位测试数据，总结出岗讲矿床主成矿元素组合在垂向上具有一定的分带性，上部铜含量较高，下部钼含量较高，具有"上铜下钼"的特点（图 3-11）。具体来说，从上而下表现为铜矿化带→铜钼矿化带→钼（铜）矿化带

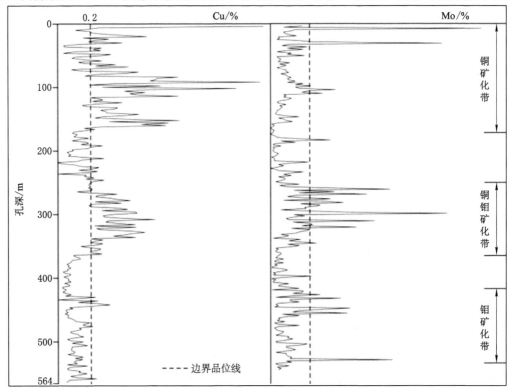

图 3-11　岗讲 ZK802 钻孔 Cu、Mo 品位随深度变化关系图解

→钼铜矿化带,详细的矿化元素组合分带特征统计结果列于表3-2。

表 3-2 岗讲矿区各勘探线铜钼元素组合垂向分带特征统计表

勘探线	铜矿化带垂深/m	铜钼矿化带垂深/m	钼(铜)矿化带垂深/m	钼铜矿化带垂深/m
26	>340			
22	174	174～490		
20	94～276	275～387	>275～387	
16		92～136	>92～136	
12	90	496	391～553	
8		187～229	>187～229	
4			247～332	>247～332
0	59	76～141	357～446	>357～446
3	188～271	270～415	318～468	>318～468
7	49	49～116	116～287	>116～287

3.3 矿区外围地质概况

拉萨天利矿业有限公司在岗讲矿区外围同时还拥有白容、夏庆、绒岗蒙三个探矿权区。岗讲矿区外围地质概况见图3-12。

白容矿区位于岗讲矿区西北侧,矿区主要出露地层简单,北东角分布有古近系始新统典中组(E_1d)火山凝灰岩;在矿区南部沟谷地带出露有第四系冰碛层(Q^{gal})和冲洪积层(Q^{pal})。矿区岩浆活动强烈,以二长花岗斑岩、花岗闪长斑岩和英安斑岩为主,局部有安山玢岩脉产出。矿区断裂构造发育,包括近东西向(f5、f17)、近南北向(f4、f16)、北东向(f3、f15)和北西向(f1、f6、f9)。其中 f5、f17 断裂是区域性近东西向冲江-麻达断裂的分支,f5 断裂在矿区出露长约 2 km,产状 20°∠60°,呈舒缓波状,破碎带宽大于 50 m,早期以张性为主,后期转化为压扭性;f16 断裂是岗讲矿区 F1 断裂向北延伸部分,F1-f16 断裂长约 4 km,北段见断层三角面,产状 20°～290°∠70°～75°,在钻孔 ZKN1208 和 ZKW1201 中均见到厚度上百米的破碎带,并显示压性特征。白容矿区中部目前已控制了两个规模较大的矿体(图3-13),编号 Cu-Ⅰ 和 Cu-Ⅱ。

Cu-Ⅰ矿体:呈不规则哑铃状产出,地表以氧化矿石为主,深部有原生矿石,由 11 个探槽(浅井)、10 个钻孔控制,东西长约 1 200 m,南北宽 200～400 m。矿体总体走向东西向,向南倾。品位 Cu 0.2%～1.55%,最高 3.15%,矿体平均品位 0.68%。浅部主要为氧化矿,平均厚度 12.28 m,平均品位 Cu 0.43%、Mo 0.01%、EqCu 0.47%;深部为原生矿,平均品位 Cu 0.23%、Mo 0.05%、EqCu 0.48%。

Cu-Ⅱ矿体:呈弯曲的带状产出,6 个地表工程和 5 个钻孔控制,长约 100 m,宽 4～50 m,平均宽 22 m。矿体总体走向东西向,向南倾。氧化矿厚度约 5.8 m,平均品位 Cu 0.41%、Mo 0.01%、EqCu 0.46%;原生矿平均品位 Cu 0.21%、Mo 0.05%、EqCu 0.48%。

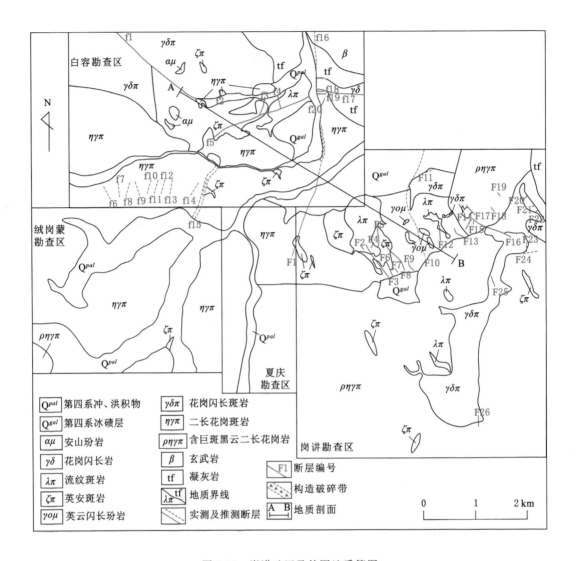

图 3-12　岗讲矿区及外围地质简图

　　白容矿床矿化以浸染状、细脉浸染状为主，局部为细脉状。主要金属矿物有黄铜矿、辉钼矿、黄铁矿，次为黝铜矿、闪锌矿、钛铁矿和磁铁矿。围岩蚀变有钾化、硅化、泥化、黄铁绢英岩化等。各种蚀变相互叠加，铜矿化主要赋存于钾化-硅化带及黄铁绢英岩化带中。白容与岗讲一个重要的差异在于矿体的走向，白容矿体多呈近东西走向，比较平缓，而岗讲矿体多呈近南北走向，陡倾。这可能是因为白容比较靠近近东西向的麻达-冲江压性断层，从而形成了较为特殊的局部变形体制。

　　夏庆和绒岗蒙矿区以大面积出露二长花岗斑岩为特色，并且在三条沟谷（绒岗蒙两条，夏庆一条）中不同程度覆盖有第四系冲、洪积物，由于海拔较高，平均海拔大于 5 000 m，交通不便，基础地质和矿床地质研究较薄弱。

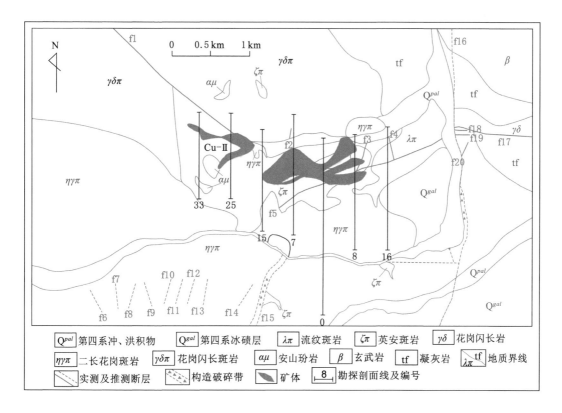

图 3-13 白容勘查区矿体水平投影及主要工程布置图

3.4 矿区及外围化探异常特征

四川省冶金地质勘查院在岗讲矿区及外围(白容、夏庆、绒岗蒙)地区开展1:2.5万土壤地球化学测量,测试元素包括 Cu、Mo、Pb、Zn、Ag、Au、Sb、Hg、As 共 9 种,土壤化探测量范围见图 3-14。

根据土壤化探测量结果,共圈定了以 Cu 为主的异常 51 处,集中分布于白容测区中部、南部,岗讲、夏庆测区中部,绒岗蒙测区北部。测区分布广泛、规模大、强度高的元素异常以 Au、Cu、Pb、Zn、Ag、Mo 为主,Sb、Hg 次之,基本无 As 异常分布。对各元素进行 R 型聚类分析,见图 3-15,以相关系数 0.5 为界线,可以分为四类:Pb-Zn-Ag、Cu-Mo、Sb-Hg-As、Au。聚类结果显示主成矿元素 Cu、Mo 关系密切,与 Pb、Zn、Ag 相关性较好。因此岗讲矿区及外围直接找矿元素为 Cu、Mo,间接找矿元素为 Pb、Zn、Ag,Au 元素与其他元素相关性较差,以独立因子存在。

根据各异常区内的构造、岩浆岩、矿化蚀变、异常面积、元素平均值、元素峰值、主成矿元素变化系数及异常元素组合等方面来进行综合打分评价,结果表明测区内以 Cu 为主的编号异常中无甲类异常,乙类异常 4 处,丙类异常 33 处,丁类异常 14 处。

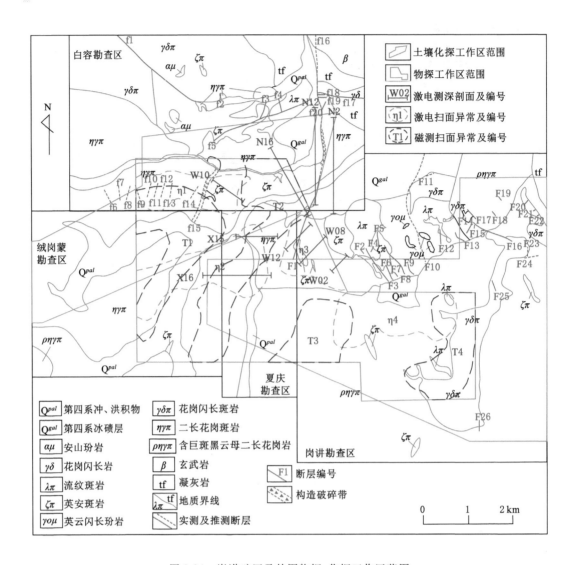

图 3-14　岗讲矿区及外围物探、化探工作区范围

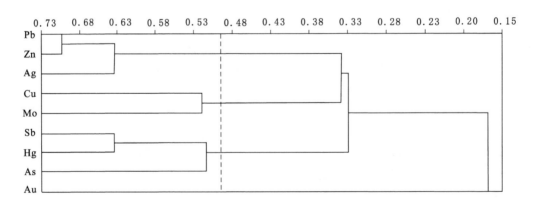

图 3-15　土壤化探元素 R 型聚类分析

依据乙类异常具有较好的找矿前景,丙类异常找矿前景不明,丁类异常无找矿价值,以下仅对岗讲矿区及外围乙类土壤化探异常进行推断解释。制作异常等值线图之前,首先对各元素异常下限进行计算,异常下限采用 $T = \overline{X} + K\delta$ 确定,统计结果见表 3-3。

表 3-3　土壤化探测量元素异常下限及分级一览表

元素	平均值($\overline{X}$)	均方差(δ)	K 值	异常下限(T)	异常分级			
					I	II	III	IV
Au	1.08	0.55	2	2.18	2	4	8	16
Ag	0.1	0.05	2	0.2	0.4	0.8	1.6	3.2
Cu	49.9	41	2	131.8	120	240	480	960
Pb	26.3	13.5	2	53.3	50	100	200	400
Zn	75.7	18.8	2	103.3	100	200	400	800
As	17.4	6	2	29.4	30	60	120	240
Sb	1.32	0.46	2	2.24	2.5	5	10	20
Hg	33	12.8	2	58.6	60	120	240	480
Mo	1.47	1.21	2	3.99	4	8	16	32

注:Au、Hg 元素含量单位为 10^{-9},其他元素为 10^{-6}

(1) AP(Cu)8 号乙类异常

该异常位于白容测区中东部,呈近 E-W 方向带状分布,面积约 1.98 km^2。该异常剖析图见图 3-16。

异常具有两个 IV 级以上浓集中心,呈近 E-W 方向不规则状分布,主要出露岩体为二长花岗斑岩,中部有部分英安斑岩,北部为第四系覆盖。异常的各元素地球化学特征见表3-4,可以看出,该异常除 As、Hg 以外,其他元素峰值均高达 IV 级以上,As、Hg 峰值亦高达 II 级以上,主成矿元素 Cu、Mo 变异显著,富集趋势明显。相关分析显示,该异常中 Cu 与除 Zn、Hg 以外的其他元素均为正相关,与 Mo 相关性好,Ag 次之,异常元素组合为 Cu-Mo-(Ag)。该异常规模大,元素异常强度高、套合好、浓集中心吻合、变异显著、富集趋势突出且向西未闭合,异常西部高值区外围还有进一步工作价值,区内成矿地质条件优越,具有良好的找矿前景。

(2) AP(Cu)18 号乙类异常

该异常位于绒岗蒙测区北部,呈近 E-W 方向不规则条带状分布,面积约 0.42 km^2,异常剖析图见图 3-17。

异常具有一个 IV 级以上浓集中心,呈近 NW-SE 方向不规则状分布,出露岩体为二长花岗斑岩,其余部分为第四系覆盖物。由表 3-5 可以看出,该异常 Cu、Au、Ag、Pb、Mo 峰值均高达 IV 级以上,Zn、Sb、Hg 峰值高达 III 级以上,As 无异常,主成矿元素 Cu、Pb、Zn、Mo、Ag 变异显著,富集趋势明显。

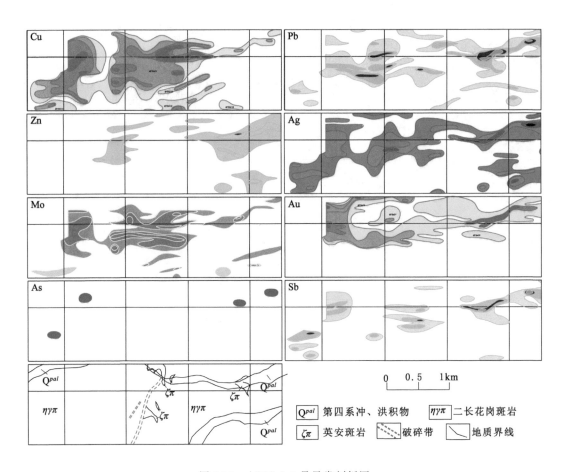

图 3-16 AP(Cu) 8 号异常剖析图

表 3-4 AP(Cu)8 号乙类异常各元素地球化学特征

元　素	Au	Ag	Cu	Pb	Zn	As	Sb	Hg	Mo
均　值	6.77	0.38	462	71	95	18.27	2.95	29	13.97
峰　值	135.00	5.20	2 150	640	1 060	80.80	58.60	151	66.50
面金属量	13.37	0.74	912.68	140.75	186.68	36.09	5.82	56.81	27.59
变化系数	2.44	1.32	0.80	1.23	1.11	0.50	1.77	0.47	0.86
相关系数	0.05	0.24	1.00	0.05	−0.06	0.12	0.01	−0.18	0.55
元素组合	Cu-Mo-(Ag)								
形态	近 E-W 方向条带状								
面积	1.98 km^2								
备注	Au、Hg 元素含量单位为 10^{-9}，其他元素为 10^{-6}								

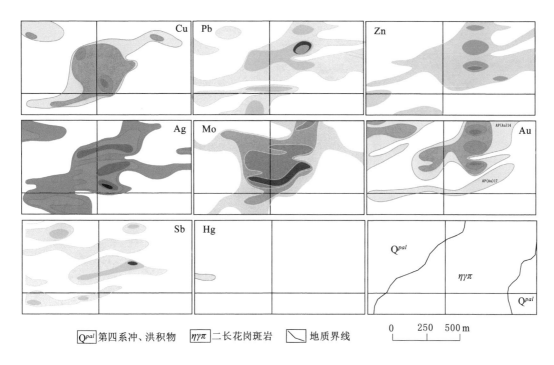

Q^{pal} 第四系冲、洪积物　　ηγπ 二长花岗斑岩　　地质界线

0　250　500 m

图 3-17　AP(Cu)18 号异常剖析图

表 3-5　AP(Cu)18 号乙类异常各元素地球化学特征

元　素	Au	Ag	Cu	Pb	Zn	As	Sb	Hg	Mo
均　值	7.27	0.65	340	116	137	11.45	3.49	41	18.65
峰　值	85.50	2.00	2060	430	530	24.90	10.50	378	76.20
面金属量	3.00	0.27	140.18	47.76	56.61	4.72	1.44	16.85	7.69
变化系数	2.27	0.64	1.03	0.89	0.71	0.45	0.63	1.50	0.85
相关系数	−0.07	0.56	1.00	−0.16	−0.06	0.15	0.03	−0.01	0.66
元素组合	Cu-Mo-Ag								
形　态	近 E-W 方向条带状								
面　积	0.42 km^2								

注：Au、Hg 元素含量单位为 10^{-9}，其他元素为 10^{-6}

相关分析显示，该异常中 Cu 与 Ag、As、Sb，Mo 元素均为正相关，与 Mo、Ag 相关性非常好，与其他元素相关性不明显，异常元素组合为 Cu-Mo-Ag。该异常规模虽然不大，但其元素异常强度高，Cu 与 Ag、Mo 元素套合好、浓集中心吻合、变异显著、富集趋势突出，区内成矿地质条件优越，地、化特征显示该区均是 Cu、Ag、Mo 多金属成矿的有利地段，具有较好的找矿前景。

（3）AP(Cu)27 号乙类异常

该异常位于岗讲测区中部，呈近 E-W 方向不规则带状分布，面积约为 1.5 km^2，异常剖析图见图3-18。

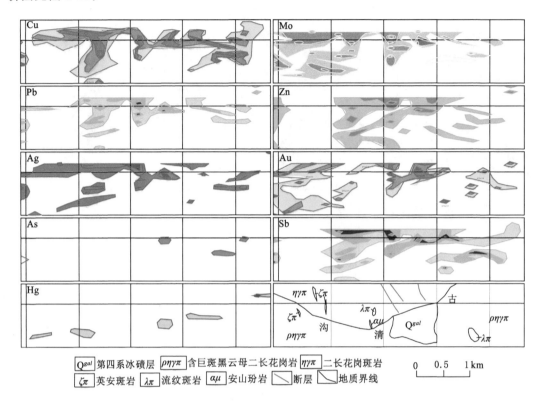

图3-18   AP(Cu)27号异常剖析图

异常具有二个Ⅳ级以上浓集中心,西部浓集中心呈近E-W方向不规则状分布,东部浓集中心呈不规则状分布。推断F2、F3断层穿越该异常西部,F8、F9、F10、F11断层穿越该异常东部,该地区裂隙密度大,构造复杂程度高。由表3-6可以看出,该异常Au、Ag、Cu、Pb、Sb、Mo峰值均高达Ⅳ级以上,Zn峰值高达Ⅲ级以上,As、Hg异常强度较低为Ⅱ级,主成矿元素Cu、Pb、Zn、Ag、Mo变异显著,富集趋势明显。相关分析显示,该异常中Cu与其他元素均为正相关,与Pb、As、Sb、Ag、Zn、Mo相关性非常好,其他元素次之,所以该异常元素组合为Cu-Pb-As-Sb-Ag-Zn-Mo。该异常规模大,其元素异常强度高、套合好、浓集中心吻合、变异显著、富集趋势突出,特别是该异常位于岗讲Cu-Ⅰ南段矿体向南、向西延伸部位,异常特别明显,区内成矿地质条件优越,地、化特征显示该区均是Cu、Pb、Zn、Ag、Mo多金属成矿的有利地段,具有非常好的找矿前景。

表3-6   AP(Cu)27号乙类异常各元素地球化学特征表

元　素	Au	Ag	Cu	Pb	Zn	As	Sb	Hg	Mo
均　值	9.18	0.34	409.59	76.12	143.26	24.17	8.15	44.21	8.42
峰　值	600	1.85	1680	540	680	60	80	210	44.60
面金属量	13.88	0.52	619.50	115.14	216.69	36.55	12.33	66.88	12.74

表 3-6(续)

元 素	Au	Ag	Cu	Pb	Zn	As	Sb	Hg	Mo
变化系数	5.96	0.92	0.84	0.92	0.66	0.32	1.33	0.51	0.94
相关系数	0.00	0.58	1.00	0.60	0.54	0.59	0.57	0.14	0.46
元素组合	Cu-Pb-As-Sb-Ag-Zn-Mo								
形 态	近 W-E 不规则带状								
面 积	1.5 km²								
备 注	Au、Hg 元素含量单位为 10^{-9}，其他元素为 10^{-6}								

（4）AP(Cu)29 号乙类异常

该异常位于岗讲测区西部，夏庆测区中部位置，呈近 E-W 方向不规则条带状分布，面积约为 0.34 km²，异常剖析图见图 3-19。

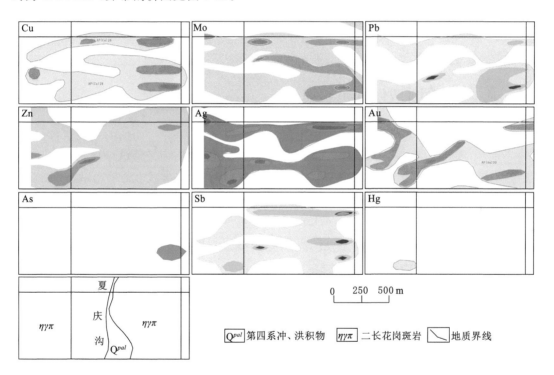

图 3-19　AP(Cu)29 号异常剖析图

该异常具有一个Ⅳ级以上浓集中心，主要出露岩体为二长花岗斑岩，各元素地球化学特征见表 3-7。可以看出，该异常 Au、Cu、Ag、As、Mo 峰值均高达Ⅳ级以上，Pb、Zn 峰值高达Ⅲ级以上，As、Hg 异常强度较低，为Ⅰ级，无 Sb 异常，主成矿元素 Cu、Pb、Zn、Ag、Mo 变异显著，富集趋势明显。相关分析显示，该异常中 Cu 与其他元素均为正相关，与 Pb、Zn、Ag、Mo 相关性非常好，其他元素次之，所以该异常元素组合为 Cu-Pb-Zn-Ag-Mo。该异常规模大，其元素异常强度高、套合好、浓集中心吻合、变异显著、富集趋势突出，区内成矿地质条件优越,地、化特征显示该区均是 Cu、Pb、Zn、Ag、Mo 多金属成矿的有利地段,推测其具有较好的找矿前景。

表 3-7　AP(Cu)29 号乙类异常各元素地球化学特征表

元素	Au	Ag	Cu	Pb	Zn	As	Sb	Hg	Mo
均值	4.67	0.48	278	99	166	20.45	4.36	45	9.16
峰值	43.80	2.22	1520	287	405	49	13.30	78	41.90
面金属量	1.58	0.16	93.91	33.36	56.15	6.90	1.47	15	3.09
变化系数	1.75	0.91	1.06	0.62	0.43	0.42	0.67	0.30	0.82
相关系数	0.55	0.93	1.00	0.82	0.66	0.63	0.77	0.08	0.75
元素组合	Cu-Pb-As-Ag-Zn-Sb-Mo-(Hg)								
形态	近 W-E 不规则状								
面积	0.34 km²								
备注	Au、Hg 元素含量单位为 10^{-9},其他元素为 10^{-6}								

3.5　矿区及外围物探异常特征

为了对岗讲矿区及外围找矿前景进行预测,了解矿(化)体在空间上的变化规律,四川省冶金地质勘查院在岗讲矿区及外围分别开展了高精度磁测扫面及激电中梯扫面工作,测区范围见图 3-14。高精度磁测选用 WCZ-1 型多功能质子磁力仪,激电测量选用 WDJS-2 型多功能数字直流激电仪,各控制点测量选用 GTS336 型全站仪和中海达 V8 型 RTK。

3.5.1　岩(矿)石物性特征

在开展物探工作之前,系统采集测区 336 件岩(矿)石物性标本并进行了室内极化率和电阻率测试,采集 123 件岩(矿)石物性标本进行了室内磁化率和剩磁测定,旨在为后期物探异常解译提供可靠依据。通过对比分析测区各类岩(矿)石物性参数,得出如下电性特征(表 3-8,表 3-9)。

表 3-8　岩(矿)石标本电性参数测定结果

岩矿石名称	测定数（336 件）	极化率 η/%		电阻率 ρ/(Ω·m)	
		变化范围	平均值	变化范围	平均值
含巨斑黑云母二长花岗岩	9	1.940～5.10	2.77	16 00.01～6 077.29	3 496.49
二长花岗斑岩	69	0.77～4.69	2.85	33.31～5 845.28	1 410.50
花岗闪长岩	52	0.64～6.40	3.22	123.97～7 977.60	2 125.23
英云闪长玢岩	36	0.50～5.20	2.34	123.52～6 009.3	1 152.29
流纹斑岩	5	1.80～5.66	3.35	528.67～7 642.38	2 332.86
英安斑岩	20	1.05～6.67	3.11	680.01～22 904.31	48 45.05

表 3-8(续)

岩矿石名称	测定数 (336 件)	极化率 η/%		电阻率 ρ/($\Omega \cdot m$)	
		变化范围	平均值	变化范围	平均值
安山玢岩	6	1.13～5.92	3.30	1 253.52～3 107.14	2 404.55
凝灰岩	41	0.20～2.80	0.66	798～1 868	1 385
黄铜矿化、辉钼矿化二长花岗斑岩	74	0.95～24.19	6.43	84.18～3 802.49	427.72
黄铁矿化二长花岗斑岩	10	2.24～6.44	4.26	343.43～10 695.6	2 213.1
褐铁矿化二长花岗斑岩	7	2.644～11.52	6.77	101.76～463.33	229.64
孔雀石化二长花岗斑岩	7	1.36～4.10	2.53	918.1～8 176.44	3 576.22

表 3-9 岩(矿)石标本磁性参数测定结果

岩矿石名称	测定数 (123 件)	磁化率 k/($4\pi \times 10^{-6}$ SI)		剩磁 Jr/($\times 10^{-3}$ A/m)	
		变化范围	平均值	变化范围	平均值
二长花岗斑岩	18	196.3～1 315.6	625.9	65.6～2 919.6	311.8
花岗闪长岩	45	664.0～3 145.4	1 901.8	49.4～1 041.4	262.2
流纹斑岩	8	290.4～6 712.3	2 901.8	132.4～2 003.3	571
英安斑岩	29	60.5～400	238	35.7～233.2	128.3
安山玢岩	12	456.1～9 533.4	2 399.7	69.2～532.7	242.5
铜矿石	11	527.7～5 793.9	3 085.5	1 841.8～7 816.2	4 184.4

(1)矿化岩石极化率普遍高于非矿化岩石,矿化岩石的极化率介于 0.95%～24.19% 之间,算数平均值为 5.82%,是非矿化围岩(2.70%)的 2.16 倍,矿(化)体与围岩的电性差异明显。

(2)黄铜矿化、辉钼矿化、褐铁矿化岩石电阻率明显低于非矿化岩石,黄铁矿化岩石、孔雀石化岩石、二长花岗斑岩、英云闪长玢岩显示中高阻,其他岩石显示高阻。

(3)铜矿(化)石剩磁(平均值 $4\,184.4 \times 10^{-3}$ A/m)明显高于非矿化岩石剩磁(平均值 303.16×10^{-3} A/m)。

区内没有明显的工业游散电流等人工或天然地电厂的干扰,物探电性异常基本上能体现出该地区岩(矿)石的电性差异。将物探电性异常与地质资料相结合,一方面可以区分矿化异常与非矿化异常,另一方面可以从弱矿化背景中追索并圈定出含矿岩体,同时可以为岩相界线的划分提供地球物理依据。

3.5.2 高精度磁测

地面高精度磁测野外观测主要依据《地面高精度磁测技术规程》(DZ/T 0071—93)进行作业。观测地磁场总强度 ΔT 磁参数,同时进行日变观测,作日变、正常场、梯度等各项改正。本次岗讲矿区及外围高精度磁测基点坐标为:X:3 279 699.503,Y:15 784 754.199,Z:3 476.146。在磁测工作开展前与结束后,分别对质子磁力仪进行噪声水平测定、探头一致性测定、主机一致性校验、仪器精度校验等。

对测区地面高精度磁测 1 816 个 ΔT 数据的频率、频数进行统计,确定 ΔT 异常下限值为 120 nT,高于 120 nT 的视为正异常区。测区磁异常值普遍较低,正异常极值约 700 nT,负异常极值约 500 nT。以磁异常下限 120 nT 等值线圈定 4 个异常区,分别命名为 T1、T2、T3 和 T4 异常(图 3-20)。异常区主要位于测区的二长花岗斑岩内,磁测 ΔT 异常与含矿二长花岗斑岩具有一定的相关性。整个磁测 ΔT 异常平面图反映出该区含矿斑岩体具有一定的水平分带性。化极处理后, ΔT 磁异常基本无偏移,且正负异常极值均变大,异常范围也略有扩大,反映异常体埋深较大,且局部小异常体在深部是相连的。延拓处理后,各异常均有明显的衰减,说明引起异常的斑岩体磁性较弱。通过地面高精度磁测工作,大致圈定了含矿斑岩体的分布特征,缩小了找矿靶区,对进一步找矿工作有一定的指导意义。

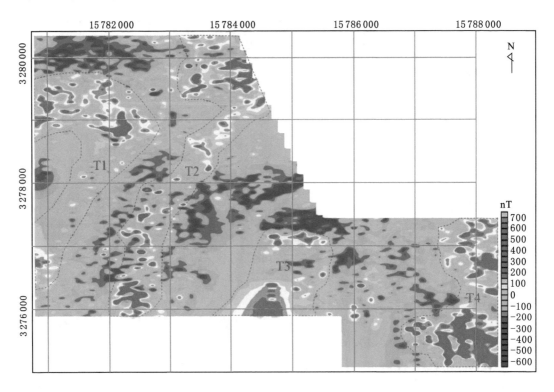

图 3-20　岗讲矿区及外围 1∶1 万 ΔT 磁异常平面图

3.5.3　激电中梯扫面测量

直流激电工作严格按照《时间域激发极化法技术规定》(DZ/T 0070—93)和《电阻率剖面法技术规程》(DZ/T 0073—93)进行作业。在施工前、后,对供电线、测量线进行漏电检查,对仪器设备性能进行检定、校准。工作方式采用时间域激发极化法长导线激电中梯剖面测量,逐点观测,测量参数为视极化率 η_s 和视电阻率 ρ_s。通过统计测区视极化率 η_s 和视电阻率 ρ_s 6 071 个观测值的频数、频率,确定 η_s 和 ρ_s 的异常下限值为 4.00% 和 500 Ω·m, η_s 高于 4.00%、 ρ_s 低于 500 Ω·m 测段可视为高极化率低阻异常区。

由视极化率异常等值线平面图(图 3-21)可知,测区异常总体趋势是由北向南呈东西向条带状展布,异常具有分布范围大、强度高、连续性好、梯度变化显著、异常中心突出、相邻剖面对比良好的特点。结合视电阻率异常等值线平面图(图3-22),异常总体呈低阻高极化或中低阻高极化特征,从不同的电性特征反映了岗讲矿区及外围斑岩型铜钼矿成矿地质特征。无论是整体还是局部异常均与区内东西向主体构造特征一致,反映了东西向构造为区内主要的控矿构造之一。通过1︰1万激电中梯测量工作,在岗讲矿区及外围共发现4个视极化率异常带(η1、η2、η3、η4)和两个视电阻率异常区(C1、C2),其中η2和η4异常又可细分为η2-1、η2-2、η4-1和η4-2四个局部异常。

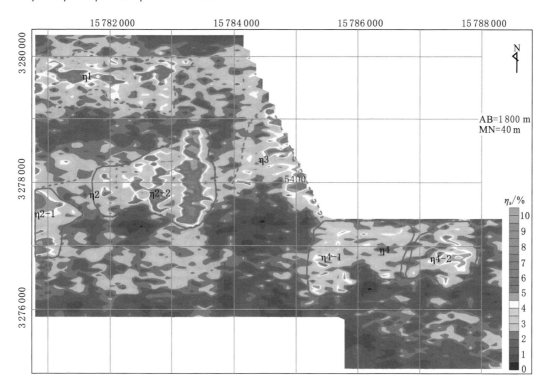

图3-21　岗讲矿区及外围1︰1万视极化率(ηs)异常平面图

3.5.3.1　激电异常分类

根据物性资料(表3-8),区内岩矿石激电效应强弱依次为:黄铜矿化、辉钼矿化岩石,ηs平均值为6.43%;孔雀石化、黄铁矿化、褐铁矿化岩石,ηs平均值为4.52%;无矿化岩石,ηs平均值为2.70%。结合异常特征及地质背景,将测区激电中梯ηs异常作如下分类。

(1)一级异常(η1、η2-2、η3)

该类异常呈带状连片分布于含矿岩体中心或铜矿化体及其蚀变带上,规模较大,异常强度较高,峰值达11.8%以上,形态完整。该类异常构成岗讲矿区外围的主体异常。

(2)二级异常(η2-1)

该类异常位于岩体强烈的蚀变带附近,异常连续性较好,呈带状叠瓦式排列,异常形态完整,有一定的规模和强度,且位于成矿的有利部位。

(3)三级异常(η4-1、η4-2)

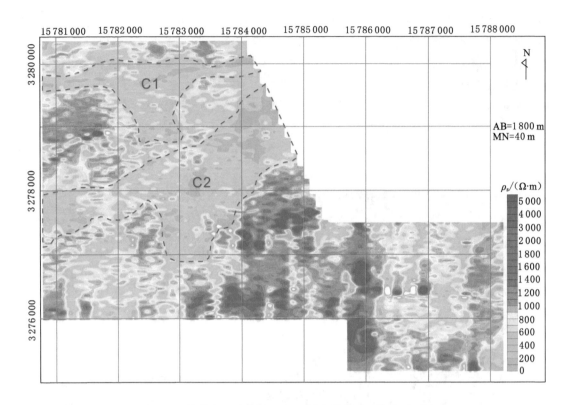

图 3-22　岗讲矿区及外围1∶1万视电阻率(ρ_s)异常平面图

该类异常具有相对分散、单个异常规模较小、异常强度弱、形态规则、等值线基本完整封闭的特征。异常多为单独存在，主要分布于矿化体的外接触带，形成围绕岩体蚀变带外围呈断续分布的态势。

3.5.3.2　激电异常综合解译

（1）η_1 视极化率异常（一级异常）

该异常位于白容勘查区南部，4.0%等值线圈定闭区呈一东西向条带形，长轴约2 500 m，平均宽约700 m。异常范围覆盖了含矿的二长花岗斑岩体及其蚀变带，经地表工程揭露，异常带内有铜矿体产出，且矿化普遍，出露岩体的岩性、形态复杂，花岗斑岩和英安斑岩相间出现。与岩体中心向外形成的绢云母-石英-黄铁矿化带、钾化-硅化带、泥化带、青磐岩化带等蚀变相对应，激电异常呈带状展布，具有多个异常中心，异常形态规则，具有很强的规律性。异常显示高极化、低电阻率特征，视极化率一般在4.0%～6.0%之间，异常极值达9.97%；视电阻率一般低于500 Ω·m。该异常大部分与C1低电阻率异常相吻合，由异常中心向外，激电异常强度依次减弱，电阻率异常逐渐增大。异常梯度变化显著，表明含矿构造及矿化体呈东西走向，产状较陡。同时，反映了含矿二长花岗斑岩体由内向外、由上到下金属硫化物呈带状形成富集中心、两侧分散矿化的分布趋势。该异常区存在良好的地面高精度磁测 ΔT 异常（T1异常）及土壤地球化学异常（AP(Cu)8号乙类异常），另外地表已发现并圈定了多个小的矿（化）体。地质、物探、化探三者相结合，推断该异常为矿致异常，具有很好的找矿前景。

(2) $\eta2-1$ 视极化率异常(二级异常)

该异常位于绒岗蒙勘查区西部,形态不完整,向西未封闭。4.0%等值线圈闭区呈一南北向条带形,长轴约 500 m,平均宽约 300 m。异常显示高极化、低电阻率特征,视极化率一般在 4.0%～6.5%之间,异常极值达 9.5%。异常区视电阻率显示北低南高特征,北段一般低于 500 Ω·m,南段一般在 800 Ω·m 左右。条带状展布的激电异常反映岩体内构造节理发育,延伸长,产状陡,并有石英-硫化物填充,由此分析,该异常为蚀变带中的黄铜矿化、黄铁矿化、辉钼矿化等引起,具备良好的地质成矿条件。

(3) $\eta2-2$ 视极化率异常(一级异常)

该异常横跨夏庆和绒岗蒙勘查区,为多个南北向长条状异常叠加组成,是岗讲矿区及外围分布范围及规模最大的异常。异常总体呈面型分布,近似等轴状,长轴走向近东西,长约 1 500 m,南北宽约 800 m,具有多个异常中心。异常呈低阻高极化特征,激电与电阻率异常形态相似,激电异常强度高,η_s 峰值达 11.5%～12.1%,ρ_s 值在 90～500 Ω·m 之间变化。异常分带特征明显,由中心向外,激电与电阻率异常此消彼长,强度渐次变化。该异常与地面高精度磁测异常(T2)和地球化学异常(AP(Cu)18 、AP(Cu)29 号乙类异常)吻合性较好,并且异常产出的地质背景与岗讲矿区主矿体及 $\eta1$ 异常背景相似,显示很好的找矿前景。

(4) $\eta3$ 视极化率异常(一级异常)

该异常位于岗讲矿区西部,4.0%等值线圈定闭区呈一轴向近南北的耳形,长轴约 1 800 m,平均宽约 700 m。异常显示高极化、低电阻率特征,视极化率一般在 4.0%～6.0%之间,异常极值达 7.5%。异常区视电阻率显示南高北低的特征,北部视电阻率一般低于 500 Ω·m,位于 C2 视电阻率异常区内,南部视电阻率较高,一般在 1 000～2 000 Ω·m 之间。从地质填图结果来看,异常区内高阻区域硅化现象普遍,这可能是引起高视电阻率异常的原因。异常区出露岩性主要为二长花岗斑岩,为主要的含矿斑岩体,同时该异常位于岗讲 Cu-Ⅰ矿体西段,与该已知矿体紧密相连,推测 Cu-Ⅰ矿体西段有向 $\eta3$ 异常区延伸的可能,推断为矿致异常,具有很好的找矿前景。

(5) $\eta4$ 视极化率异常(三级异常)

该异常位于岗讲矿区南部,4.0%等值线圈定闭区呈一东西向矩形,长轴约 2 670 m,平均宽约 900 m。异常显示高极化、中低电阻率特征,视极化率一般在 4.0%～5.5%之间,异常极值达 7.4%。异常可细分为 $\eta4-1$ 和 $\eta4-2$ 两个局部异常,$\eta4-1$ 视电阻率在 1000～2 000 Ω·m 之间,而 $\eta4-2$ 视电阻率在 500～1 000 Ω·m 之间。地质填图显示,$\eta4-1$ 异常区硅化普遍,这可能是该异常区视电阻率较高的原因。该异常沿岗讲 Cu-Ⅰ主矿体南侧由北向南呈梯次分布,强度逐渐减弱,局部有后期英安斑岩、花岗闪长斑岩侵入。异常分散,以细条状或独立形态为主。该异常区位于岗讲 Cu-Ⅰ号已知矿体南侧约 300 m,野外勘查发现零星矿化现象,推断为矿质异常,具有一定的找矿前景。

4 侵入岩地球化学特征

岗讲矿区岩浆活动强烈,侵入岩广泛分布,其中二长花岗斑岩、花岗闪长斑岩、流纹斑岩(英云闪长玢岩)和英安斑岩地表出露面积最广,安山玢岩仅在古清沟旁侧呈小岩脉产出,二长花岗斑岩与成矿最为密切,英云闪长玢岩和花岗闪长斑岩次之。本次研究在全面收集前人研究资料的基础之上,对上述主要侵入岩体进行了系统采样与分析测试工作,旨在对矿区岩石成因、源区特征、岩石形成的构造环境及其与成矿关系进行探讨。

4.1 岩相学特征

(1) 二长花岗斑岩

手标本呈浅灰色、浅褐黄色,似斑状结构,块状构造,岩石中常见矿物有斜长石、钾长石、石英、绢云母、黑云母、角闪石和绿泥石。斜长石:含量约占 30%,粒径 5～8 mm,绢云母化严重,与钾长石较难区分,有时可见聚片双晶;钾长石:含量约占 20%,粒径 1.5～2 mm,具有较好的晶形,可见简单双晶,发生绢云母化和土化;石英:含量约占 30%,它形粒状,粒径 1～4 mm,表面干净,正低突起,无解理,有波状消光,指示存在后期动力作用的可能;黑云母:含量约占 15%,片状,粒径粒径 2～3 mm,呈现明显的多色性,正中到正高突起,一组极完全解理;绢云母:含量约占 5%,鳞片状集合体,充填在长石石英的间隙或者交代长石形成;角闪石:含量约占 3%,长柱状,粒径 1～3 mm,正中突起,发育两组完全解理,夹角约为60°;绿泥石:含量比例小于 1%,针状集合体,由角闪石和黑云母蚀变产生。基质主要为隐晶质夹少量斜长石微晶(图版Ⅱ-7,Ⅱ-8,Ⅲ-1,Ⅲ-2,Ⅲ-3)。

(2) 含巨斑二长花岗岩

手标本呈灰色、灰红色,块状构造,斑状结构,矿物成分主要有斜长石(45%),钾长石(35%)、石英(12%)、角闪石(5%)和黑云母(3%)。钾长石斑晶粒径最高可达 3 cm 左右,黑云母局部发生绿泥石化蚀变。

(3) 花岗闪长斑岩

手标本呈暗灰色、灰白色,斑状结构,块状构造,斑晶主要包括斜长石、石英、碱性长石和黑云母,含量占 40% 左右。斜长石:较自形,板状,突起低,粒径较大,达 2.5～4.5 mm,内部包裹有石英等矿物,局部发育有较好的聚片双晶;石英:无色,半自形,粒状,表面较干净,低突起,无解理,粒径约 2～3 mm;碱性长石:无色,粒状,半自形,突起低,粒径约 3 mm,具有卡式双晶;黑云母:自形,片状,中等突起,具有一组极完全解理,粒径范围 2～3 mm,其内部包裹有少量自形榍石。基质含量占 60% 左右,主要包含有石英、斜长石、黑云母和榍石。

石英(20%):无色,他形,粒状,表面较干净,低突起,无解理,粒径介于 $0.4\sim0.6$ mm;斜长石(25%):无色,半自形,板状、粒状,粒径介于 $1\sim1.5$ mm,可见聚片双晶;黑云母(10%):半自形,片状,中等突起,具有一组完全解理,粒径约为 1.5 mm;榍石(5%):粒状,他形,高突起,其周围常见磁铁矿等不透明矿物。副矿物有锆石、针柱状磷灰石等(图版Ⅲ-4,Ⅲ-5,Ⅲ-6)。

(4)英云闪长玢岩

手标本呈灰绿色,中细粒结构,块状构造,矿物组成有斜长石、石英、黑云母等,同时含有少量的榍石、帘石和不透明矿物(如磁铁矿、黄铁矿等)。斜长石:含量约占 50%~55%,自形,板状,突起低,局部发生蚀变,形成榍石、绿帘石、绿泥石等矿物,粒径介于 $2\sim3$ mm,发育较好的聚片双晶及环带结构;石英:含量约占 30%,他形,粒状,突起低,表面干净,粒径在 $1\sim2$ mm 左右,无解理,以单晶石英为主;黑云母:含量约占 15%,他形,片状,突起中等,粒径范围 $0.5\sim1$ mm,具有一组完全解理,局部黑云母发生绿泥石化蚀变(图版Ⅲ-7,Ⅲ-8)。

(5)流纹斑岩

手标本呈灰色、深灰色,斑状结构,块状构造,斑晶含量约占 50%,成分主要有斜长石(35%)、石英(10%)、钾长石(3%)和黑云母(2%)。基质以长英质和隐晶质为主,含量约占 50%。

(6)英安斑岩

手标本呈灰色、灰白色,斑状结构,块状构造,斑晶主要包括斜长石、石英、绿泥石和角闪石,含量约占 45%。斜长石:含量约占 30%,半自形-自形,板状,突起低,局部斜长石边部发生土化,内部含有少量方解石,发育聚片双晶,粒径在 $2\sim3$ mm 左右;石英:他形,粒状,低突起,表面干净,粒径介于 $0.5\sim2$ mm,无解理;黑云母:含量约占 2%,半自形,片状,中等突起,粒径范围为 $0.7\sim1$ mm,具有一组解理;绿泥石:含量小于 1%,半自形,片状,菱形,中等突起,粒径介于 $1\sim2$ mm,具有一组解理,局部绿泥石内部有黑云母残留体,由长石和云母蚀变而成;角闪石:含量小于 1%,他形,粒状,中高突起,局部可见两组斜交解理。基质为隐晶质夹少量斜长石微晶,含量约为 55%,具有玻晶交织结构,主要包含斜长石、绿泥石、石英、磷灰石和方解石。斜长石:半自形-自形,板状,低突起,含量约占 30%;绿泥石:含量约占 10%,自形,细小片状,一组解理;石英:含量约占 8%,无色,粒状,无解理;磷灰石:含量约占 3%,无色,细小针柱状,正中突起;方解石:含量约占 4%,他形,粒状,闪突起。

(7)安山玢岩

手标本呈深灰色、灰绿色,块状构造,斑状结构。斑晶成为主要以长石、黑云母为主,少量石英,其中长石以斜长石为主,钾长石次之。斜长石:含量约占 55%~58%,半自形-他形,板柱状,粒径为 $1\sim3$ mm;钾长石:含量约占 2%~5%,半自形-他形,板柱状,粒径约 $0.5\sim2$ mm;黑云母:含量约占 5%~10%,片状,粒径 $0.1\sim1$ mm;石英:他形,粒状、次棱角状及溶蚀状,粒径为 $0.4\sim3$ mm。岩石常经黏土化、碳酸盐化等蚀变而含有方解石、绿泥石、绢云母和高岭土等矿物,含量均不超过 3%。基质主要为长英质及其蚀变物。

4.2 岩石地球化学特征

陈守余等[197]对岗讲矿区内主要侵入岩体二长花岗斑岩、花岗闪长斑岩和英云闪长玢岩进行系统采集,所采样品新鲜、无污染,岩石地球化学主量元素、稀土及微量元素测试工作由自然资源部武汉矿产资源监督检测中心(武汉综合岩矿测试中心)完成。

4.2.1 主量元素特征

本次所测试的岗讲矿区二长花岗斑岩、花岗闪长斑岩和英云闪长玢岩的主量元素分析结果及相关特征参数列于表4-1,其中二长花岗斑岩样品共3件,花岗闪长斑岩样品共2件,英云闪长玢岩样品共6件。

表 4-1　岗讲矿床侵入岩主量元素含量(%)及其特征参数

岩性	二长花岗斑岩			花岗闪长斑岩		英云闪长玢岩					
样品编号	GJ-15	GJ-16	GJ-21	GJ-20	GJ-23	GJ-3	GJ-5	GJ-8	GJ-13	GJ-17	GJ-18
SiO_2	69.02	67.64	65.18	68.57	66.77	69.33	69.61	69.22	70.12	69.26	69.06
TiO_2	0.43	0.51	0.63	0.35	0.47	0.32	0.42	0.35	0.37	0.40	0.37
Al_2O_3	15.42	15.69	16.04	15.50	15.84	15.19	14.52	15.58	15.81	15.44	15.75
Fe_2O_3	1.15	1.62	1.47	1.35	1.26	1.34	1.27	0.85	1.60	1.41	1.40
FeO	1.03	1.65	2.02	1.10	1.48	0.88	0.97	1.13	0.63	1.08	0.98
MnO	0.02	0.03	0.05	0.02	0.02	0.04	0.05	0.05	0.06	0.03	0.04
MgO	1.11	1.64	1.79	0.97	1.05	0.84	1.38	0.87	0.84	0.77	0.98
CaO	1.05	1.69	3.26	2.25	1.98	2.03	1.91	1.34	0.55	1.08	1.08
Na_2O	4.29	4.35	4.57	4.71	4.54	3.83	1.96	4.39	4.52	3.75	4.61
K_2O	4.55	3.28	3.40	3.28	4.27	3.38	4.72	3.94	3.50	4.46	3.71
P_2O_5	0.19	0.22	0.26	0.15	0.17	0.12	0.22	0.12	0.13	0.15	0.14
烧失量	1.35	1.26	0.77	1.36	1.85	2.43	2.79	1.83	1.62	1.77	1.50
总量	99.61	99.58	99.44	99.61	99.70	99.73	99.82	99.67	99.75	99.60	99.62
K_2O+Na_2O	8.84	7.63	7.97	7.99	8.81	7.21	6.68	8.33	8.02	8.21	8.32
K_2O/Na_2O	1.06	0.75	0.74	0.70	0.94	0.88	2.41	0.90	0.77	1.19	0.80
A/CNK	1.11	1.14	0.94	1.02	1.01	1.11	1.23	1.12	1.29	1.19	1.16
A/NK	1.29	1.47	1.43	1.37	1.31	1.53	1.74	1.36	1.41	1.40	1.36
AKI	0.78	0.68	0.70	0.73	0.76	0.65	0.57	0.74	0.71	0.71	0.74
DI	87.87	81.49	76.00	83.26	83.72	83.25	81.30	86.68	88.83	87.15	87.07
SI	9.15	13.08	13.51	8.50	8.33	8.19	13.42	7.78	7.60	6.72	8.40

表 4-1(续)

岩性	二长花岗斑岩			花岗闪长斑岩		英云闪长玢岩					
样品编号	GJ-15	GJ-16	GJ-21	GJ-20	GJ-23	GJ-3	GJ-5	GJ-8	GJ-13	GJ-17	GJ-18
AR	3.32	2.57	2.41	2.64	2.96	2.44	2.37	2.94	2.92	2.98	2.96
σ	3.00	2.36	2.86	2.50	3.27	1.97	1.68	2.65	2.37	2.57	2.66

注:测试单位:武汉综合岩矿测试中心(2012.06);测试方法:X 荧光光谱法。

A/CNK＝$n(Al_2O_3)/[n(CaO)+n(Na_2O)+n(K_2O)]$;A/NK＝$n(Al_2O_3)/[n(Na_2O)+n(K_2O)]$;AKI＝$[n(Na_2O)+n(K_2O)]/n(Al_2O_3)$;DI:分异指数;SI:固结指数;AR:莱特碱度率;σ:里特曼指数。

（1）二长花岗斑岩

二长花岗斑岩主量元素具有以下特征:① 富硅,SiO_2 含量变化于 $65.18\%\sim69.02\%$,均值为 67.28%;相对贫镁、钙,MgO 含量变化于 $1.11\%\sim1.79\%$,均值为 1.51%,CaO 含量变化于 $1.05\%\sim3.26\%$,均值为 2.00%。② 碱性程度高,(K_2O+Na_2O) 含量变化于 $7.63\%\sim8.84\%$,均值为 8.15%,属于高钾系列;岩石的碱度率 AR 介于 $2.41\sim3.32$,过铝指数 AKI 介于 $0.68\sim0.78$,按照钙碱性(AKI$<$0.9)、偏碱性(0.9$<$AKI$<$1.0)、碱性(AKI$>$1.0)的原则,该岩体属于钙碱性系列;里特曼指数 σ 为 $2.36\sim3.00$,均小于 3.3,岩石为钙碱性岩系列;在碱度率图解(AR-SiO_2)上(图 4-1),有两件样品位于碱性和钙碱性边界线上,有一件样品落入碱性区域内;在 SiO_2-K_2O 图解上(图 4-2),3 件样品均落在高钾钙碱性系列范围内,在硅碱(SiO_2-K_2O+Na_2O)图解(图 4-3)上,样品落入 S 亚碱性系列。③ 弱过铝质,A/CNK 变化于 $0.94\sim1.14$,A/NK 变化范围为 $1.29\sim1.47$,与 I-S 过渡型花岗岩的特征相似(A/CNK 为 1.1 左右),在 A/NK-A/CNK 图解(图 4-4)上,有一件样品落在准铝质范围,2 件样品落在弱过铝质区间,反映出 I-S 过渡型花岗岩特征。④ 低 TiO_2 和 P_2O_5 含量。TiO_2 含量变化于 $0.43\%\sim0.63\%$,均值为 0.52%,P_2O_5 含量范围为 $0.19\%\sim0.26\%$,均值为 0.22%。

（2）花岗闪长斑岩

花岗闪长斑岩主量元素具有如下特征:① 富硅,SiO_2 含量变化于 $66.77\%\sim68.57\%$,均值为 67.67%;相对贫镁、钙,MgO 含量变化于 $0.97\%\sim1.05\%$,均值为 1.01%,CaO 含量变化于 $1.98\%\sim2.25\%$,均值为 2.12%。② 碱性含量高,(K_2O+Na_2O) 含量变化于 $7.99\%\sim8.81\%$,均值为 8.40%,属于高钾系列。在硅碱(SiO_2-K_2O+Na_2O)图解(图 4-3)上,样品落入 S 亚碱性系列;在碱度率(AR-SiO_2)图解(图 4-1)上,2 件样品均落入碱性系列;在 SiO_2-K_2O 图解(图 4-2)上,1 件样品落入高钾钙碱性系列区间内,1 件样品位于高钾钙碱性系列与钾玄武岩系列边界上。③ 准铝质-弱过铝质,A/CNK 变化于 $1.01\sim1.02$,A/NK 变化于 $1.31\sim1.37$,与 I 型花岗岩 A/CNK$<$1.1 特征相似,在 A/NK-A/CNK 图解(图 4-4)上,2 件样品投影均位于准铝质区域内。④ 低 TiO_2 和 P_2O_5 含量。TiO_2 含量变化于 $0.35\%\sim0.47\%$,均值为 0.41%,P_2O_5 含量范围为 $0.15\%\sim0.17\%$,均值为 0.16%。

（3）英云闪长玢岩

英云闪长玢岩主量元素具有如下特征:富硅,SiO_2 含量变化于 $69.06\%\sim70.12\%$,均值为 69.43%;相对贫镁、钙,MgO 含量变化于 $0.77\%\sim1.38\%$,均值为 0.95%,CaO 含量变

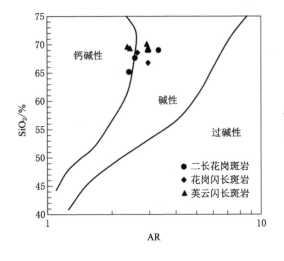

图 4-1　岗讲主要侵入岩体 SiO_2-AR 图解　　　图 4-2　岗讲主要侵入岩体 SiO_2-K_2O 图解

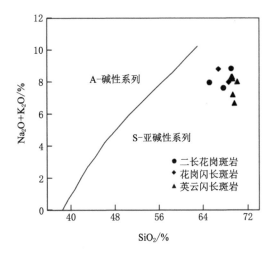
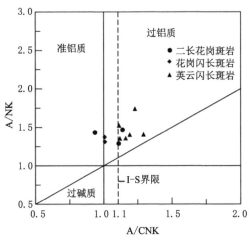

图 4-3　岗讲矿床岩浆岩硅碱图　　　图 4-4　岗讲矿床岩浆岩 A/NK-A/CNK 图解

化于 0.55%～2.03%，均值为 1.33%。② 碱性含量高，(K_2O+Na_2O) 含量变化于 6.68%～8.33%，均值为 7.80%，属于高钾系列。在硅碱 $(SiO_2$-$K_2O+Na_2O)$ 图解（图 4-3）上，样品落入 S 亚碱性系列；在碱度率（AR-SiO_2）图解（图 4-1）上，有 2 件样品投影均落入钙碱性区域，有 4 件样品落入碱性区间；在 SiO_2-K_2O 图解（图 4-2）上，有 5 件样品落入高钾钙碱性系列区间内，1 件样品位于高钾钙碱性系列与钾玄武岩系列边界上。③ 弱过铝质，A/CNK 变化于 1.11～1.29，A/NK 变化于 1.36～1.74，与 S 型花岗岩 A/CNK>1.1 特征相似，在 A/NK-A/CNK 图解（图 4-4）上，6 件样品投影均落在弱过铝质区域内，显示出 S 型花岗岩特征。④ 低 TiO_2 和 P_2O_5 含量。TiO_2 含量变化于 0.32%～0.42%，均值为 0.37%，P_2O_5 含量范围为 0.12%～0.22%，均值为 0.15%。

4.2.2 微量及稀土元素特征

本次所测试的岗讲矿区二长花岗斑岩、花岗闪长斑岩和英云闪长玢岩的微量及稀土元素分析结果及相关特征参数列于表 4-2。

表 4-2 岗讲矿床主要侵入岩体微量及稀土元素含量(×10⁻⁶)分析结果及其特征参数

岩性	二长花岗斑岩			花岗闪长斑岩		英云闪长玢岩					
样品编号	GJ-15	GJ-16	GJ-21	GJ-20	GJ-23	GJ-03	GJ-05	GJ-08	GJ-13	GJ-17	GJ-18
微量元素											
Cu	382.6	220.1	255.7	18.58	158.5	41.49	32.87	14.28	14.08	17.72	37.02
Mo	1.27	1.39	2.80	1.28	1.51	0.38	0.28	0.48	0.57	0.59	0.83
Ag	1.39	0.306	0.347	0.092	0.514	0.053	0.086	0.077	0.109	0.050	0.139
Rb	129.8	150.7	215.4	106.1	241.4	112.5	230.4	140.6	119.6	141.8	121.0
Ba	1 475	802.0	1 318	709.3	643.6	697.1	757.5	672.0	758.8	771.1	997.5
Th	23.19	30.22	20.25	15.11	13.15	18.27	52.80	16.26	13.08	18.91	16.60
U	3.32	3.34	3.96	3.32	2.09	3.32	8.53	2.90	3.67	4.21	3.70
Ta	0.84	0.82	0.83	0.71	0.53	0.65	0.66	1.00	1.10	0.92	0.66
Nb	6.57	7.43	8.88	5.15	4.92	4.73	6.78	5.61	5.94	5.74	4.88
La	31.41	33.72	40.00	19.39	22.06	25.30	57.42	22.54	17.12	27.60	31.23
Ce	61.53	64.81	71.44	35.22	42.20	41.87	95.26	40.92	41.36	50.27	45.31
Sr	548.4	712.9	769.1	675.3	536.5	466.8	317.4	419.9	489.1	594.8	683.2
Nd	27.44	29.89	30.88	16.60	20.30	19.56	50.78	18.21	16.87	21.51	23.83
Zr	145.1	146.0	144.7	118.7	144.8	121.6	205.7	123.7	130.7	142.9	134.1
Hf	6.6	9.0	13.3	5.5	5.2	5.8	7.2	5.8	6.4	5.7	5.2
Sm	4.41	4.78	4.95	2.65	3.43	2.96	7.29	2.82	2.87	3.30	3.58
Y	6.96	7.95	8.11	4.55	5.17	6.19	10.19	4.90	3.45	5.45	5.84
Yb	0.63	0.67	0.70	0.37	0.47	0.57	0.65	0.44	0.43	0.47	0.47
Lu	0.09	0.09	0.11	0.06	0.06	0.08	0.10	0.08	0.06	0.07	0.07
稀土元素											
La	31.41	33.72	40.00	19.39	22.06	25.30	57.42	22.54	17.12	27.60	31.23
Ce	61.53	64.81	71.44	35.22	42.20	41.87	95.26	40.92	41.36	50.27	45.31
Pr	7.31	8.00	8.50	4.44	5.26	5.41	13.58	5.00	4.70	5.95	6.50
Nd	27.44	29.89	30.88	16.60	20.30	19.56	50.78	18.21	16.87	21.51	23.83
Sm	4.41	4.78	4.95	2.65	3.43	2.96	7.29	2.82	2.87	3.30	3.58
Eu	1.03	1.03	1.11	0.79	0.99	0.78	1.35	0.74	0.77	0.81	0.96
Gd	2.88	3.14	3.20	1.78	2.03	2.12	4.58	2.00	1.99	2.28	2.46
Tb	0.33	0.38	0.40	0.22	0.28	0.27	0.52	0.25	0.23	0.27	0.29
Dy	1.44	1.57	1.64	0.88	1.15	1.14	1.89	0.99	0.96	1.09	1.10

表 4-2(续)

岩性	二长花岗斑岩			花岗闪长斑岩		英云闪长玢岩					
样品编号	GJ-15	GJ-16	GJ-21	GJ-20	GJ-23	GJ-03	GJ-05	GJ-08	GJ-13	GJ-17	GJ-18
稀土元素											
Ho	0.25	0.28	0.29	0.17	0.20	0.21	0.33	0.18	0.16	0.20	0.19
Er	0.68	0.72	0.76	0.41	0.49	0.57	0.79	0.48	0.45	0.49	0.51
Tm	0.11	0.11	0.12	0.06	0.08	0.08	0.11	0.08	0.07	0.08	0.08
Yb	0.63	0.67	0.70	0.37	0.47	0.57	0.65	0.44	0.43	0.47	0.47
Lu	0.09	0.09	0.11	0.06	0.06	0.08	0.10	0.08	0.06	0.07	0.07
Y	6.96	7.95	8.11	4.55	5.17	6.19	10.19	4.90	3.45	5.45	5.84
∑REE	139.53	149.19	164.10	83.02	98.98	100.92	234.66	94.71	88.03	114.39	116.58
LREE	133.12	142.22	156.88	79.09	94.23	95.86	225.68	90.23	83.68	109.44	111.41
HREE	6.41	6.98	7.22	3.93	4.75	5.05	8.98	4.48	4.34	4.95	5.17
LREE/HREE	20.77	20.39	21.74	20.11	19.83	18.97	25.14	20.14	19.26	22.10	21.57
$(La/Yb)_N$	35.76	35.97	40.78	37.65	33.89	31.60	63.01	37.16	28.87	42.53	48.02
$(La/Sm)_N$	4.60	4.55	5.21	5.39	5.63	4.73	4.16	5.53	5.09	5.16	3.86
$(Gd/Lu)_N$	3.94	4.12	3.61	4.03	4.12	3.94	4.44	3.10	5.72	3.21	3.82
δEu	0.83	0.76	0.80	1.05	1.06	0.90	0.67	0.90	0.94	0.86	0.94

注:测试单位:武汉综合岩矿测试中心(2012.06);测试方法:等离子质谱法。

(1)二长花岗斑岩

3件二长花岗斑岩样品的稀土总量总体偏低,∑REE 范围为 $139.53 \times 10^{-6} \sim 164.10 \times 10^{-6}$,变化幅度不大;岩石的 LREE/HREE 变化于 $20.39 \sim 21.74$,显示轻稀土相对富集,$(La/Yb)_N$、$(La/Sm)_N$ 所对应的比值分别为 $35.76 \sim 40.78$、$4.55 \sim 5.21$,表明轻稀土分异明显,$(Gd/Lu)_N$ 为 $3.61 \sim 4.12$,表明重稀土内部也发生了较为显著的分异作用;δEu 为 $0.76 \sim 0.83$,显示负的铕异常,但是总体强度不大,比较微弱,暗示岩浆源区可能存在稳定的斜长石矿物相。从稀土元素配分图解[图 4-5(a)]可以看出,曲线总体呈现向右倾的轻稀土富集型配分模式,且重稀土曲线相对平缓。

微量元素特征显示,岩石中大离子亲石元素含量较高,具体体现在 Sr 含量为 $548.4 \times 10^{-6} \sim 769.1 \times 10^{-6}$,Rb 含量为 $129.8 \times 10^{-6} \sim 215.4 \times 10^{-6}$,Th 含量为 $20.25 \times 10^{-6} \sim 30.22 \times 10^{-6}$,U 含量为 $3.32 \times 10^{-6} \sim 3.96 \times 10^{-6}$;高场强元素含量偏低,Nb 含量为 $6.57 \times 10^{-6} \sim 8.88 \times 10^{-6}$,Ta 含量为 $0.82 \times 10^{-6} \sim 0.84 \times 10^{-6}$,Zr 含量为 $144.7 \times 10^{-6} \sim 146.0 \times 10^{-6}$;主成矿元素 Cu 含量较高,为 $220.1 \times 10^{-6} \sim 382.6 \times 10^{-6}$,远高于 Cu 地壳平均丰度($55 \times 10^{-6}$),Mo 含量($1.27 \times 10^{-6} \sim 2.80 \times 10^{-6}$)与地壳平均丰度($1.5 \times 10^{-6}$)基本相当,Ag 含量为 $0.306 \times 10^{-6} \sim 1.390 \times 10^{-6}$,远高于地壳平均丰度($0.07 \times 10^{-6}$)。在岩石微量元素原始地幔标准化蛛网图中[图 4-5(b)],二长花岗斑岩明显富集 Rb、Th、U 和 Sr 等大离子亲石元素,相对亏损 Nb、Ta、Zr 等高场强元素。

(2)花岗闪长斑岩

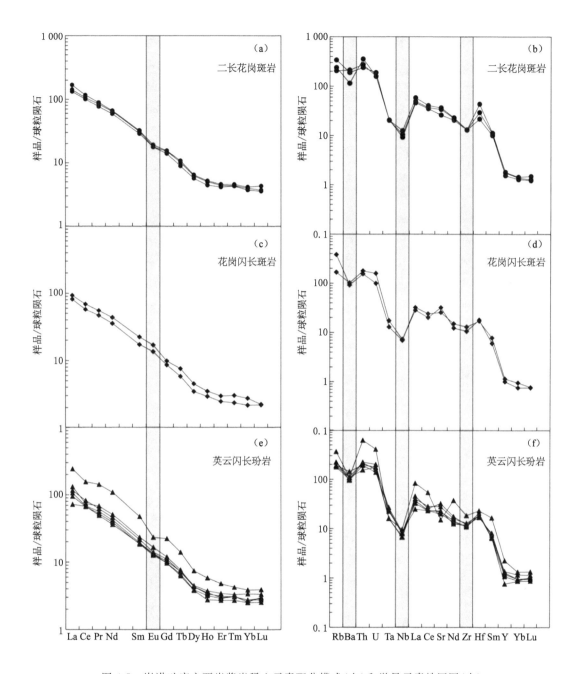

图4-5 岗讲矿床主要岩浆岩稀土元素配分模式(左)和微量元素蛛网图(右)

2件花岗闪长斑岩的稀土总量整体偏低,ΣREE 为 $83.02\times10^{-6}\sim98.98\times10^{-6}$;轻稀土相对富集,LREE/HREE 比值变化于 $19.83\sim20.11$,$(La/Yb)_N$ 比值为 $33.89\sim37.65$,$(La/Sm)_N$ 和 $(Gd/Lu)_N$ 比值分别为 $5.39\sim5.63$ 和 $4.03\sim4.12$,显示轻重稀土内部均发生了较为明显的分馏作用。δEu 为 $1.05\sim1.06$,显示很弱的正铕异常。在稀土元素配分图[图4-5(c)]中,曲线总体呈右倾,重稀土分配曲线相对平缓,属于轻稀土富集型。

微量元素特征显示，Sr($536.5 \times 10^{-6} \sim 675.3 \times 10^{-6}$)、Rb($106.1 \times 10^{-6} \sim 241.4 \times 10^{-6}$)、Th($13.15 \times 10^{-6} \sim 15.11 \times 10^{-6}$)、U($2.09 \times 10^{-6} \sim 2.32 \times 10^{-6}$)含量相对较高，Nb($4.92 \times 10^{-6} \sim 5.15 \times 10^{-6}$)、Ta($0.53 \times 10^{-6} \sim 0.71 \times 10^{-6}$)、Zr($118.7 \times 10^{-6} \sim 144.8 \times 10^{-6}$)含量较低。成矿元素特征显示，GJ-23样品的Cu(158.5×10^{-6})、Ag(0.514×10^{-6})均高于地壳平均丰度，Mo含量(1.51×10^{-6})含量与地壳丰度相当，GJ-20样品Cu、Mo、Ag含量均较低。岩石微量元素原始地幔标准化蛛网图[图4-5(d)]显示，花岗闪长斑岩大离子轻石元素(Rb、Th、U和Sr)富集显著，高场强元素(Nb、Ta、Zr)相对亏损。

（3）英云闪长玢岩

6件英云闪长玢岩的稀土总量$\sum$REE变化$88.03 \times 10^{-6} \sim 234.66 \times 10^{-6}$，总体偏低且变化范围较大；LREE/HREE比值变化于$18.97 \sim 25.14$，显示岩石整体富集轻稀土，$(La/Yb)_N$、$(La/Sm)_N$所对应的比值分别为$28.87 \sim 63.01$、$3.86 \sim 5.53$，表明轻稀土分异明显，$(Gd/Lu)_N$为$3.10 \sim 5.72$，表明重稀土内部也发生了较为显著的分异作用；δEu为$0.67 \sim 0.94$，均值为0.87，岩石总体显示负销异常，且强度较弱。从稀土元素配分图[图4-5(e)]可以看出，曲线总体呈向右倾的轻稀土富集型配分模式，重稀土配分曲线相对平缓。

微量元素特征显示，英云闪长玢岩中Sr($317.4 \times 10^{-6} \sim 683.2 \times 10^{-6}$)、Rb($112.5 \times 10^{-6} \sim 230.4 \times 10^{-6}$)、Th($13.08 \times 10^{-6} \sim 52.80 \times 10^{-6}$)、U($2.90 \times 10^{-6} \sim 8.53 \times 10^{-6}$)含量相对较高，Nb($4.73 \times 10^{-6} \sim 6.78 \times 10^{-6}$)、Ta($0.65 \times 10^{-6} \sim 1.10 \times 10^{-6}$)、Zr($121.6 \times 10^{-6} \sim 205.7 \times 10^{-6}$)含量较低。成矿元素Cu含量($14.08 \times 10^{-6} \sim 41.49 \times 10^{-6}$)、Mo含量($0.28 \times 10^{-6} \sim 0.83 \times 10^{-6}$)均低于地壳丰度值，含量较低，Ag含量($0.050 \times 10^{-6} \sim 0.139 \times 10^{-6}$)略高于地壳丰度。在岩石微量元素原始地幔标准化蛛网图[图4-5(f)]可以看出，英云闪长玢岩明显富集大离子亲石元素Rb、Th、U、Sr，相对亏损高场强元素Nb、Ta、Zr。

综上所述，岗讲矿区二长花岗斑岩、花岗闪长斑岩和英云闪长玢岩的主量元素、微量及稀土元素均表现出相似的地球化学特征，具体体现在如下几个方面：① 主量元素均表现出富硅，相对贫镁、钙，碱性含量高，属于高钾钙碱性系列准铝质-弱过铝质的I-S过渡型中酸性花岗岩类。② 岩石铕异常有正有负，以负铕异常为主，异常强度不大，总体显示弱的负铕异常。③ 具有相似的稀土元素和微量元素配分模式，均表现出轻稀土富集，重稀土强烈亏损，轻重稀土分异显著。④ 3种岩石均具有高Sr、低Y和Yb，Sr/Y比值高，大离子亲石元素Rb、Th和U相对富集，高场强元素Nb、Ta和Zr相对亏损特征。⑤ 成矿元素Cu、Mo和伴生元素Ag在二长花岗斑岩中相对富集，在花岗闪长斑岩和英云闪长玢岩中相对贫化，这可能是岗讲矿区二长花岗斑岩是主含矿岩体的一种体现，也可以解释为岩浆分异过程中Cu、Mo元素发生迁移所致。

4.3 侵入岩形成的地质背景

4.3.1 结晶分异作用

主量元素的Harker图解往往是研究岩石结晶分异程度的有效手段。从岗讲矿区主要酸性侵入岩Harker图解（图4-6）中可以看出，随着SiO_2含量的增高，TiO_2、P_2O_5、CaO、

MgO、Al_2O_3 及 Fe_2O_3 含量均呈现不同程度亏损的趋势。岗讲矿区矿物组成主要包括斜长石、钾长石、石英、角闪石、石英等造岩矿物以及榍石、凝灰石、金红石、锆石、钛铁矿、磁铁矿等副矿物。凝灰石是重要的富 P 和 Ca 矿物,金红石、榍石等是结晶分异过程中主要的富 Ti 矿物。因此,随着 SiO_2 含量的持续增高,凝灰石、榍石、金红石等矿物不断发生结晶分异作用,从而导致 P_2O_5、TiO_2、CaO 含量的明显下降。磁铁矿、黑云母是主要的富 Fe 矿物,随着 SiO_2 含量增高,Fe_2O_3 含量的下降可能是磁铁矿、黑云母的结晶分异作用导致的。斜长石的分异作用往往会形成 Sr、Eu 负异常[198],而岗讲矿区侵入岩微量元素特征表明其富含 Sr,并显示出微弱的负 Eu 异常,这可能暗示其岩浆源区或者残留相中不含斜长石[199]。高场强元素 Nb、Ta 的亏损程度主要受到金红石、角闪石的制约,含水条件下的部分熔融过程中,Ta 倾向于进入残留相金红石中,而 Nb 则主要富集与角闪石中[200,201]。因此,岗讲侵入岩高场强元素的强烈亏损可能系金红石与角闪石的分异结晶作用所致,暗示岩浆源区可能为一种含水环境下的残留石榴子石的角闪榴辉岩或石榴子石角闪岩[202]。

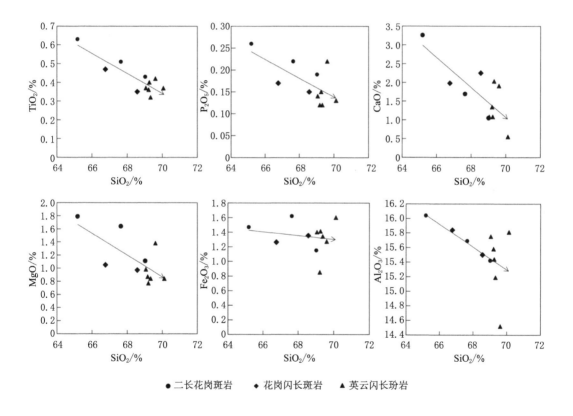

图 4-6 岗讲酸性侵入岩 Harker 图解

4.3.2 岩石成因类型

已有研究表明,S 型花岗岩通常因强烈富 Al 而表现出过铝质特征,其 A/CNK(铝饱和指数)值一般高于 I 型花岗岩,因此可以采用 A/CNK 值来区分 I 型和 S 型花岗岩,具体来说,当 A/CNK 小于 1.1 时为 I 型花岗岩,当 A/CNK 大于 1.1 时为 S 型花岗岩[203]。分异的 S 型花岗岩可能会导致 A/CNK 值偏低,但其亦会大于 1.1。从岗讲主要侵入岩体主量元素特征及相关参数表(表 4-1)中可以看出,3 件二长花岗斑岩样品中有 2 件样品 A/CNK 值大于 1.1(分别为 1.11 和 1.14),1 件样品 A/CNK 值小于 1.1,显示出 I-S 过渡型花岗岩特征,并相对偏向 S 型花岗岩;2 件花岗闪长斑岩样品的 A/CNK 值均小于 1.1(分别为1.01 和 1.02),显示出 I 型花岗岩的特征;6 件英云闪长玢岩样品的 A/CNK 值均大于 1.1(变化于 1.11～1.29),显示出 S 型花岗岩特征。

4.3.3 构造环境判别

根据表 4-1 中二长花岗斑岩、花岗闪长斑岩和英云闪长玢岩岩石地球化学全岩分析结果,绘制出 lg[CaO/(Na₂O＋K₂O)]-SiO₂ 图解(图 4-7),可以看出,除少数样品完全位于挤压型范围外,多数样品投点落在挤压型和拉张伸展型的重合区域,并且显示出从挤压型逐渐转变为拉伸伸展型的趋势。计算出参数 R_1 和 R_2 值,并投影到 R_1-R_2 上,从而获得岗讲矿区主要侵入体 R_1-R_2 构造环境判别图解(图 4-8)。

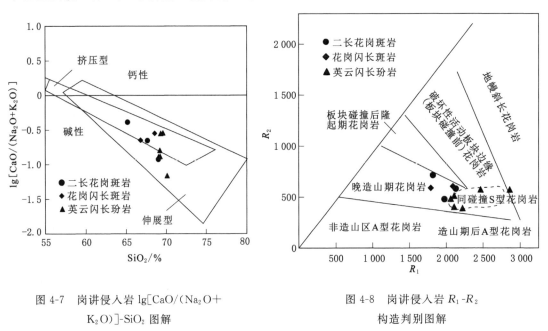

图 4-7　岗讲侵入岩 lg[CaO/(Na₂O＋
K₂O)]-SiO₂ 图解

图 4-8　岗讲侵入岩 R_1-R_2
构造判别图解

可以看出,除 1 件样品数据点(GJ-5)处于幔源构造环境边缘外,可能是由于该样品中 SiO₂ 含量过高而导致计算出的 R_1 值偏高,大部分投点落入晚造山期花岗岩区域内以及其与同碰撞期花岗岩的交界上,显示同碰撞造山期—晚造山期的构造转变。在 Rb-(Y＋Nb)图解(图 4-9)和 Nb-Y 图解(图 4-10)中,本次所有样品投影均落入 Post-COLD(后碰撞造山环境)范围内且分布于 VAG(火山弧环境)和 syn-COLD(同碰撞造山环境)的分界线上,表明岩石形成于后碰撞造山环境[204],投点相对比较靠近于火山弧环境,火山弧环境代表挤压构造环境,后碰撞环境代表应力松弛拉张构造环境,进一步说明挤压向拉张的构造背景演化过程。值得注意的是,前文提及岗讲二长花岗斑岩、花岗闪长斑岩和英云闪长玢岩均属于高钾钙碱性系列,而高钾钙碱性系列花岗岩石是后碰撞岩浆活动的典型反映。

岗讲矿区岩浆岩稀土元素组成特征以及铕异常情况,也可以指示岩石形成的构造环境,区内 3 种主要侵入岩体均显示轻稀土富集以及较弱的负铕异常,暗示岩石形成时地壳开始进入减薄阶段,具体来说,就是由原先的碰撞挤压环境逐渐向造山带崩塌减薄环境过渡。岗讲主要岩体相对富集大离子亲石元素 Rb、Th 和 U,而高场强元素则表现为亏损,也说明了后碰撞剪切期的构造背景。

65 Ma~45 Ma,冈底斯成矿带开始发生大规模碰撞活动,随即在 18 Ma~14 Ma,冈底斯成矿带由原先的挤压环境转变为伸展的晚碰撞造山构造环境,即应力松弛阶段。岗讲矿区二长花岗斑岩、花岗闪长斑岩和英云闪长玢岩的侵位年龄分别为 16.6 Ma、16.1 Ma 和 14.4 Ma(见第 6 章)。因此可以得出结论,岗讲二长花岗斑岩、花岗闪长斑岩和英云闪长玢岩的形成-演化-侵位过程伴随着挤压构造环境向剪切拉张构造环境转变,处于印度-亚洲板块碰撞后的伸展阶段。

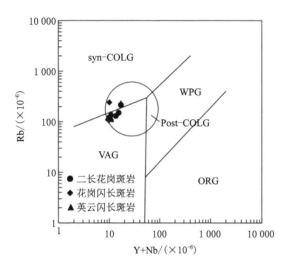
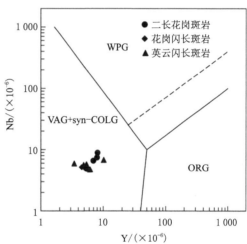

图 4-9　岗讲侵入岩体(Y+Nb)-Rb 图解　　　图 4-10　岗讲侵入岩体 Y-Nb 图解

注:VAG:火山弧花岗岩;ORG:洋脊花岗岩;WPG:板内花岗岩;syn-COLG:同碰撞花岗岩;Post-COLG:后碰撞花岗岩

4.4　侵入岩体含矿性评价

依据花岗岩维氏值和中国花岗岩类微量元素平均值,陈守余等[197]对岗讲矿区主要侵入岩二长花岗斑岩、花岗闪长斑岩和英云闪长玢岩中主要成矿元素及伴生元素含量进行对比统计分析,统计元素包括 Cu、Pb、Ag、Mo、Zn、As、Sb、Bi、Co、Sn、Ni 及 Au 共 12 种元素,见表 4-3。

表 4-3   岗讲矿区侵入岩成矿元素及伴生元素含量表   单位：$\times 10^{-6}$

岩性	编号	Cu	Pb	Ag	Zn	Mo	As	Sb	Bi	Co	Sn	Ni
二长花岗斑岩	GJ-15	382.6	36.83	1.39	48.65	1.27	3.76	0.37	2.98	4.67	3.1	9.73
	GJ-16	220.1	38.62	0.306	67.05	1.39	3.47	0.42	0.63	7.21	1.7	11.66
	GJ-21	255.7	25.56	0.347	56.20	2.80	2.31	0.37	0.61	9.85	2.6	9.88
花岗闪长斑岩	GJ-20	18.58	29.14	0.092	32.60	1.28	1.55	1.00	0.50	3.36	1.7	7.39
	GJ-23	158.5	41.90	0.514	73.83	1.51	3.76	0.59	2.40	5.39	2.1	4.65
英云闪长玢岩	GJ-3	41.49	36.08	0.053	65.47	0.38	2.92	0.10	0.40	4.39	1.6	6.64
	GJ-5	32.87	40.26	0.086	70.91	0.28	10.53	0.35	0.43	5.62	1.9	34.82
	GJ-8	14.28	29.27	0.077	54.23	0.48	3.48	0.14	0.65	4.18	1.3	5.84
	GJ-13	14.08	27.77	0.109	37.16	0.57	3.46	0.62	0.15	3.96	1.3	6.61
	GJ-17	17.72	40.23	0.050	66.14	0.59	2.53	0.24	0.34	6.04	1.5	6.68
	GJ-18	37.02	42.83	0.139	210.2	0.83	12.98	0.42	0.49	4.84	1.4	8.22
花岗岩维氏值		20.00	20.00	0.050	60.00	1.00	1.50	0.26	0.01	5.00	3.00	8.00
中国花岗岩平均含量		5.00	20.77	0.052	43.00	0.49	0.95	0.13	0.14	2.98	2.00	4.50

注：测试单位为武汉综合岩矿测试中心（2012.06）；测试方法为等离子质谱法。

从岗讲侵入岩体成矿元素及伴生元素蛛网图（图 4-11）可以看出，二长花岗斑岩、花岗闪长斑岩和英云闪长玢岩中各种元素的含量表现出了明显的差异性，二长花岗斑岩具有较高的 Cu、Ag、Mo、Bi 含量值，Pb、Zn、Sn、As、Co、Ni 等基本与花岗岩维氏值及中国花岗岩平均含量持平；花岗闪长斑岩也具有较高的 Cu、Ag、Bi 含量值，Co、Sn 和 Ni 相对亏损，其他元

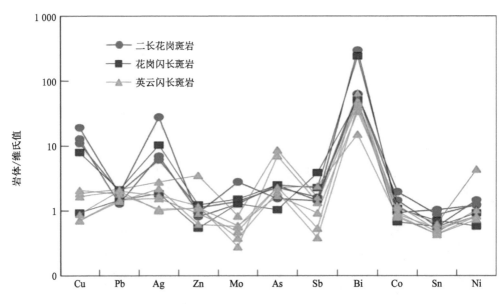

图 4-11   岗讲侵入岩体成矿元素及伴生元素蛛网图

素含量与花岗岩维氏值相当;英云闪长玢岩除了 Bi、As 元素有明显富集外,其余元素均显示不富集或者不同程度的亏损。三种岩体中均具有很高的 Bi 元素含量,显示中酸性岩浆活动有关的成矿元素特征。就岗讲主要成矿元素 Cu、Mo(Ag)而言,从二长花岗斑岩→花岗闪长斑岩→英云闪长玢岩,成矿元素含量显示明显的下降趋势,这与"前者作为岗讲矿区主要的成矿母岩,后两者在矿区内作为后期岩脉对矿体起到进一步改造富集,但自身无矿化或弱矿化"的认识相符合。从另一个角度看,无矿化岩石中 Cu、Mo 元素出现的负异常,可能也反映了岩浆分异过程中这两种元素的活化迁移作用。同时,Cu、Mo 元素在蚀变矿化花岗斑岩体中的含量(下文)要远高于新鲜无蚀变岩石,暗示在矿化蚀变过程中,Cu、Mo 元素发生了不同程度的富集,形成铜钼矿(化)体。

4.5　矿化斑岩地球化学特征

陈守余等[197]系统采集了岗讲矿区 14 件蚀变矿化斑岩(以孔雀石化为主,次为黄铁矿化、蓝铜矿化)样品,并对其进行微量及稀土元素测试,并将其与新鲜无矿化蚀变岩石(前文提及的二长花岗斑岩、花岗闪长斑岩及英云闪长玢岩)微量及稀土元素特征进行对比研究,旨在揭示成矿过程中微量及稀土元素的迁移变化规律。稀土、微量元素分析测试在核工业北京地质研究院分析中心完成。分析方法为电感耦合等离子体质谱(ICP-MS)法,测试仪器型号为 HR-ICP-MS(ElementI)。

4.5.1　稀土元素特征

岗讲矿区 14 件蚀变矿化斑岩稀土元素分析结果列于表 4-4。可以看出,稀土总量总体偏低,且变化幅度较大,介于 $45.51 \times 10^{-6} \sim 245.15 \times 10^{-6}$,均值为 129.29×10^{-6};轻重稀土比值 LREE/HREE 变化于 $10.66 \sim 39.48$,均值为 19.50,属于轻稀土富集型;$(La/Yb)_N$ 变化于 $11.80 \sim 80.12$,均值为 34.17,表明斑岩轻重稀土分异明显;δEu 介于 $0.89 \sim 1.42$,均值为 1.01,铕异常有正有负,但是总体上较微弱。从稀土元素配分模式图解[图 4-12(a)]可以看出,曲线总体呈向右倾的轻稀土富集型配分模式。

表 4-4　岗讲矿床蚀变矿化斑岩稀土元素含量($\times 10^{-6}$)分析结果及特征参数统计

编号	GJ-1	GJ-2	GJ-3	GJ-4	GJ-6	GJ-7	GJ-8	GJ-9	GJ-10	GJ-12	GJ-13	GJ-14
La	45.2	26.3	9.08	30.9	21.3	42	28.1	49.1	24.7	32.4	37.2	22.3
Ce	72.8	42.9	18.3	57.9	20.1	49.1	44.9	98.1	49.6	63.3	72.6	35.8
Pr	8.61	4.71	2.27	6.91	1.74	4.49	4.85	12.2	6.5	6.87	9	4.41
Nd	33.5	17.3	9.48	27.3	6.05	15.2	18.3	51.2	26.1	27.2	37.7	17.5
Sm	5.69	2.63	1.91	4.44	1.11	1.85	3.19	10.5	4.65	4.49	6.13	2.72
Eu	1.46	0.683	0.596	1.07	0.461	0.585	0.99	3.03	1.13	1.11	1.57	0.889
Gd	3.72	1.77	1.17	2.6	0.814	1.13	2.5	7.48	2.59	2.52	3.4	1.71
Tb	0.541	0.263	0.201	0.351	0.141	0.128	0.412	1.17	0.37	0.332	0.445	0.228
Dy	2.59	1.13	1.04	1.52	0.723	0.696	2.06	5.95	1.62	1.51	1.9	1.01

表 4-4(续)

编号	GJ-1	GJ-2	GJ-3	GJ-4	GJ-6	GJ-7	GJ-8	GJ-9	GJ-10	GJ-12	GJ-13	GJ-14
Ho	0.437	0.188	0.193	0.25	0.126	0.119	0.37	1.02	0.284	0.265	0.284	0.182
Er	1.21	0.473	0.565	0.64	0.432	0.322	1	2.7	0.713	0.666	0.796	0.504
Tm	0.171	0.06	0.083	0.107	0.064	0.041	0.137	0.363	0.117	0.1	0.109	0.065
Yb	1.1	0.466	0.552	0.636	0.438	0.376	0.796	2.07	0.701	0.644	0.638	0.417
Lu	0.156	0.063	0.065	0.085	0.065	0.056	0.113	0.269	0.099	0.11	0.087	0.061
Y	11.1	5.56	5.37	7.11	3.58	2.84	10.9	25.5	8.11	6.93	8.09	5.05

编号	$\sum$REE	LREE	HREE	LREE/HREE	$(La/Yb)_N$	δEu
GJ-1	177.19	167.26	9.93	16.85	29.47	0.91
GJ-2	98.94	94.52	4.41	21.42	40.48	0.91
GJ-3	45.51	41.64	3.87	10.76	11.8	1.13
GJ-4	134.71	128.52	6.19	20.77	34.85	0.89
GJ-6	53.56	50.76	2.8	18.11	34.88	1.42
GJ-7	116.09	113.23	2.87	39.48	80.12	1.15
GJ-8	107.72	100.33	7.39	13.58	25.32	1.03
GJ-9	245.15	224.13	21.02	10.66	17.01	0.99
GJ-10	119.37	112.88	6.49	17.38	25.27	0.91
GJ-12	141.52	135.37	6.15	22.02	36.09	0.92
GJ-13	171.86	164.2	7.66	21.44	41.82	0.96
GJ-14	87.8	83.62	4.18	20.02	38.36	1.17

注:测试单位为核工业北京地质研究院分析中心(2011.05);测试方法为等离子质谱法。

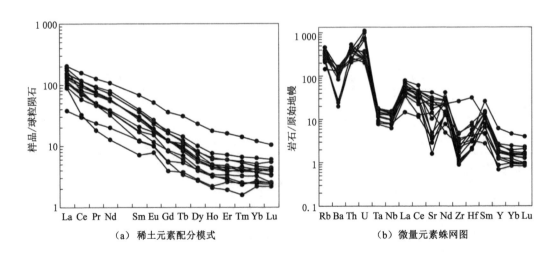

(a) 稀土元素配分模式　　　　　　(b) 微量元素蛛网图

图 4-12　岗讲矿床蚀变矿化岩石稀土元素配分模式、微量元素蛛网图

研究表明,蚀变岩石的矿物成分及其形成的物理化学条件、原岩及热液的稀土元素组

成及浓度等在不同程度上控制着蚀变岩石的稀土元素组成[205]。热液蚀变不仅会导致原岩中稀土含量的不断降低[206]，流体还会选择性地对 Eu 元素进行淋滤，从而形成显著的负 Eu 异常[207]。岗讲矿区矿化斑岩与无矿化岩石的稀土元素有着相似的分配模式特征，体现了原岩与矿化岩石的内在联系，稀土元素在成矿热液活动过程中呈比例迁出。

岗讲矿床矿化斑岩与前文提及的新鲜无矿化二长花岗斑岩、花岗闪长斑岩和英云闪长玢岩相比，稀土总量（∑REE）及稀土分馏参数[LREE/HREE、$(La/Yb)_N$]均呈现不同程度的降低，且随着矿化强度的加强（Cu 含量增高）有连续下降的趋势[图 4-13(a,b,c)]。在岩浆热液活动过程中，由于轻稀土元素离子半径较大，点位较低，化学性质相对活泼，易于被淋滤带出，从而导致矿化斑岩中轻稀土元素含量相对降低，重稀土元素含量相对增高，稀土元素配分模式图解上表现为随着 Cu 含量的增高而逐渐趋于平缓。Eu 元素易于被淋滤带出，一般会导致矿化斑岩中负 Eu 异常随着矿化强度的增高而逐渐增强，但是岗讲矿化斑岩与无矿化斑岩的 δEu 值基本一致，均显示微弱的正、负异常，这是由于岗讲矿化斑岩发育有大量后期形成的钾长石脉与钾长石-石英脉，而钾长石对于 Eu 元素的分配系数较大，从而导致岗讲矿化斑岩的 Eu 亏损程度相对降低，随着 Cu 含量的升高 δEu 值变化不大，局部存在反弹减弱情况[图 4-13(d)]。

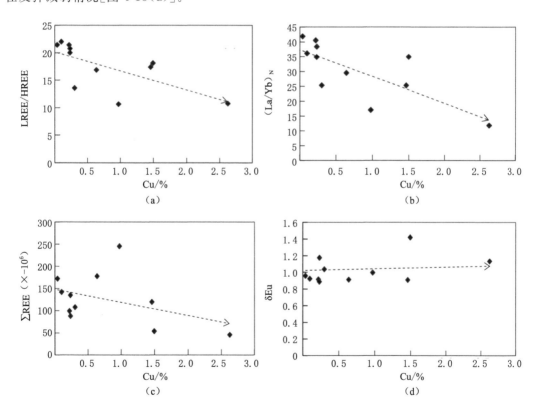

图 4-13 岗讲矿化斑岩稀土元素特征参数值与 Cu 含量关系图解

4.5.2 微量元素特征

岗讲矿区蚀变矿化岩石微量元素分析结果列于表 4-5,可以看出,主要成矿元素 Cu、Mo 表现出局部富集的特征,具有较高的含量值,其中 Cu 尤为富集,最高可达 2.6%,Mo 最高可达 0.02%,所有测试样品中 Cu、Mo 元素含量总体上远高于花岗岩维氏值(Cu:$20×10^{-6}$,Mo:$1×10^{-6}$)以及中国花岗岩平均含量,说明岗讲矿区花岗斑岩体富集 Cu、Mo 元素,可以为矿体的形成提供有利的矿质来源。Pb、Zn 元素在所采蚀变矿化岩石中具有相对较低的含量,与花岗岩维氏值及中国花岗岩平均含量较为接近。Co、Ni 元素在所测花岗斑岩体中没有明显富集,基本与维氏值持平。Sb、Bi 元素在所测花岗斑岩体中具有较高的富集,属于与中酸性岩有关的成矿元素,两者含量都远高于花岗岩维氏值及中国花岗岩平均值(部分样品高达数百倍)。

表 4-5　岗讲矿床蚀变矿化斑岩微量元素分析结果　　　　　　　　单位:$×10^{-6}$

编　号	GJ-1	GJ-2	GJ-3	GJ-4	GJ-6	GJ-7	GJ-8	GJ-9	GJ-10	GJ-12	GJ-13	GJ-14
Li	16.7	57.7	250	19	5.36	39.3	36	36.7	18.3	19.1	27.7	19.8
Be	4.39	3	2.72	2.53	1.61	1.59	2.97	4.37	2.41	3.62	3.8	3.05
Sc	4.41	4.08	3.02	4.4	2.78	2.51	3.37	4.67	4.14	4.72	6.89	3.98
V	69.3	45.8	34.6	63.3	25.9	26.9	35.4	60.5	45.9	62.1	95.8	46.8
Cr	211	98.3	154	250	295	172	130	106	174	288	331	259
Co	12.4	2.69	3.75	7.3	5.16	3.05	6.3	18.5	6.62	8.52	16.5	8.33
Ni	12.8	6.28	5.82	11.3	7.21	4.45	4.86	16.6	7.45	11.3	60.4	10.7
Cu	6 386	2 189	26 244	2 324	14 948	11 311	3 026	9 736	14 602	1 005	384	2 336
Zn	97.9	106	1162	13.3	186	138	100	139	30.3	30.1	68.8	31.2
Ga	18.9	15.1	16.1	15.5	13.7	14.1	16.8	18.8	16	17	19.8	17.9
Rb	222	122	131	264	156	83.7	140	171	265	194	186	170
Sr	537	55.1	67.4	336	269	93.4	30.7	79.4	407	480	794	535
Y	11.1	5.56	5.37	7.11	3.58	2.84	10.9	25.5	8.11	6.93	8.09	5.05
Nb	9.12	7.72	5.14	8.49	4.07	5.04	4.92	8.17	7.8	8.73	8.66	6.22
Mo	33.5	96	46.5	16.8	93.4	227	48.7	13.8	9.67	5.88	5.25	6.74
Cd	0.552	0.487	2.94	0.111	0.468	0.687	0.307	0.774	0.233	0.098	0.106	0.07
In	0.054	0.248	0.148	0.039	0.587	0.297	0.132	0.052	0.733	0.022	0.03	0.078
Sb	5.96	365	33.5	0.558	37.2	153	80.3	7.92	3.17	0.804	0.973	1.07
Cs	22	41.7	34.2	16.6	8.78	9.7	14.1	20.6	12.6	11.3	21.6	8.82
Ba	746	154	173	613	787	836	126	535	931	779	1035	760
Ta	0.658	0.56	0.337	0.645	0.287	0.306	0.347	0.559	0.508	0.628	0.477	0.42
W	34.8	49.8	44.9	67.5	41.7	30.9	22.6	19	46.5	37.8	27.2	28
Re	0.002	0.006	0.006	0.009	0.007	0.004	0.005	0.003	0.006	0.004	0.003	0.005
Tl	2.49	2.05	2.68	2.67	3.24	1.54	2.79	3.08	3.16	1.89	1.95	1.45

表 4-5（续）

编 号	GJ-1	GJ-2	GJ-3	GJ-4	GJ-6	GJ-7	GJ-8	GJ-9	GJ-10	GJ-12	GJ-13	GJ-14
Pb	53.8	34.1	132	26.7	37.6	24.1	359	39.4	66.3	35.1	26.4	29.4
Bi	9.97	8.3	5.03	0.552	1.16	1.26	2.61	2.58	92.4	0.803	1.08	3.21
Th	28	27.1	16.1	41.2	16.9	19.4	17.7	34.9	31.5	34.4	30.2	20.4
U	14.2	4.59	4.79	5.13	19.2	13	5.3	6.52	21	4.17	4.96	3.9
Zr	18.3	9.47	36	10.5	27	49.1	22.6	31.3	14.4	11.7	46.3	9.09
Hf	1.33	0.59	1.21	0.611	0.926	2.02	0.856	1.29	0.898	0.585	2.31	0.564

注:测试单位为核工业北京地质研究院分析中心(2011.05);测试方法为等离子质谱法。

从岗讲矿区矿化斑岩主成矿元素及其伴生元素聚类分析谱系图(图 4-14)可以看出,选取聚类系数为 20,元素组合大致分为三类,Cu-Mo-Zn-Pb-Cd-Zr 为主要的成矿元素组合,W-Bi-In 代表了与高温岩浆热液相关的元素组合,Ba-Sr-V-Ni-Co 代表了大离子亲石造岩元素和亲铁元素组合。

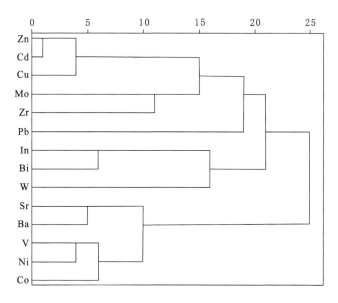

图 4-14　矿化斑岩元素聚类分析谱系图

对岗讲矿化斑岩中 Cu、Mo 元素含量进行相关性分析,见图 4-15。结果表明,两者具有较为明显的正相关关系,可能暗示主成矿元素 Cu、Mo 在花岗斑岩体内富集活动过程中具有一定的关联性,往往以共生组合关系出现。

采用原始地幔标准[208]对岗讲蚀变矿化斑岩样品微量元素数据进行微量元素蛛网图制作,并与无矿化二长花岗斑岩、花岗闪长斑岩及英云闪长玢岩蛛网图[图 4-12(b)]对比后发现:① 矿化斑岩与无矿化岩石的微量元素相似,除主成矿元素外,大部分微量元素均具有不同程度的亏损,但是二者具有极其相似的微量元素分布形态,表明热液蚀变过程中微量元素的成比例迁移带出规律,同时也说明原岩与矿化斑岩之间的密切关联性;② Sr 元素在无

矿化岩石中表现出相对富集特征,而在矿化斑岩中则显示出相对亏损,表明成矿热液活动
过程中大离子亲石元素的大量迁移带出

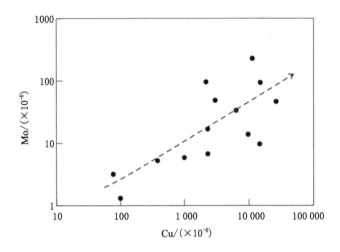

图 4-15 矿化斑岩 Cu、Mo 相关性图解

5 岗讲矿床成岩成矿年代学研究

5.1 成岩年代学

5.1.1 样品采集与测试

本次用于研究锆石单矿物的样品均采集于岗讲矿区内钻孔岩芯,共采集二长花岗斑岩样品 8 件,花岗闪长斑岩样品 8 件,英云闪长玢岩样品 9 件,由于采集点较多,故未在矿区地质图中标出,将各采集点位置列于表 5-1。岩石样品鲜艳,蚀变污染较弱,质量约 2 kg。

表 5-1 岗讲铜钼矿床锆石 U-Pb 测年样品采集位置一览表

二长花岗斑岩(共 8 件)		花岗闪长斑岩(共 8 件)		英云闪长玢岩(共 9 件)	
ZKW0800-410 m	ZK2411-512 m	DZK1201-431 m	QZK301-520 m	ZK1604-425 m	ZK2006-430 m
ZK2411-512 m	ZK807-140 m	ZKN812-424 m	BZK1514-425 m	ZK802-81 m	GJ18-84 m
ZK2003-25 m	ZK805-97 m	ZK807-111 m	ZK807-133 m	ZK805-77 m	GJ21-22 m
ZK803-120 m	ZK807-114 m	ZK1204-102 m	ZK1204-115 m	ZK2005-49 m	GJ15-95 m
				ZK1204-119 m	

本次样品破碎、锆石分选、阴极发光(CL)显微照相工作在河北省廊坊区域地质矿产调查研究所实验室完成。样品经过人工破碎、重砂淘洗后,在双目镜下挑选出晶型较好、透明度高、无裂缝、包体少的锆石颗粒进行制靶[209]。激光剥蚀 LA-ICP-MS 锆石 U-Pb 同位素分析在澳实矿物实验室进行,测试仪器为 Laser Ablation and HR ICP-MS 型质谱仪和 New Wave Research 准分子激光剥蚀系统。将样品与标样固定在激光腔内的定制台阶上进行剥蚀,激光波长为 193 nm,激光剥蚀频率为 10 Hz,斑束直径为 50 um,停留时间为 45 s,能流为 8 J/cm² 。激光剥蚀物质通过超纯氦气被带入 ThermoFisher Element 2 XR 高精密质谱仪,采用国际标准锆石 91500 作为年龄测试的外标,选用美国国家标准物质局人工合成的硅酸盐玻璃 NIST SRM610 为外标、^{29}Si 为内标对元素含量进行校正。锆石的元素含量和同位素比值和年龄计算在 ICPMSDataCal[210] 上完成,按照 Andersen[211] 的方法对普通铅进行校正,锆石 U-Pb 谐和图绘制和加权平均年龄计算在 ISOPLOT 软件[212] 上进行,详细的数据处理过程可参见文献[213]。

5.1.2 二长花岗斑岩

本次对二长花岗斑岩样品(编号 A5508-1)测定了 11 颗锆石 15 个分析点,锆石 U-Pb 同位素测试结果见表 5-2,锆石阴极发光(CL)图像、测定点位和对应的 $^{206}Pb/^{238}U$ 年龄见图5-1 (a),锆石 $^{207}Pb/^{235}U$-$^{206}Pb/^{238}U$ 谐和图解见图 5-1(b)。

表 5-2 岗讲矿床二长花岗斑岩 LA-ICP-MS 锆石 U-Pb 测年结果

测点	同位素比值						年龄/Ma			
	$^{207}Pb/^{206}Pb$	1σ	$^{207}Pb/^{235}U$	1σ	$^{206}Pb/^{238}U$	1σ	$^{207}Pb/^{235}U$	1σ	$^{206}Pb/^{238}U$	1σ
1.1	0.055 6	18.53	0.017 0	16.12	0.002 3	11.91	17.2	2.8	15.1	1.6
1.2	0.061 3	48.51	0.021 6	56.52	0.002 6	18.12	21.7	5.2	16.7	0.2
2.1	0.096 4	69.04	0.039 5	72.72	0.003 1	29.09	29.4	4.6	20.2	1.2
2.2	0.127 0	73.80	0.041 0	92.32	0.002 6	14.60	20.8	3.2	16.4	0.3
3.1	0.057 3	34.65	0.019 9	31.77	0.002 8	34.06	20.0	2.3	17.8	1.1
4.1	0.051 3	18.03	0.033 3	23.00	0.005 0	17.96	33.3	0.7	32.4	2.0
5.1	0.137 9	39.88	0.057 0	36.88	0.003 1	20.14	26.3	6.3	20.0	1.3
5.2	0.058 1	36.35	0.019 2	35.71	0.002 5	13.39	19.4	3.6	15.9	0.7
6.1	0.068 4	47.13	0.024 2	53.65	0.002 7	31.89	24.2	6.9	17.1	0.4
7.1	0.149 9	47.62	0.056 6	54.85	0.002 8	11.81	25.9	7.2	17.9	1.2
8.1	0.103 6	46.09	0.039 6	54.65	0.002 9	25.36	29.4	9.9	18.4	1.7
8.2	0.050 2	30.84	0.016 3	30.06	0.002 5	19.64	16.4	0.2	16.2	0.5
9.1	0.063 3	44.20	0.021 5	50.43	0.002 5	18.89	21.6	4.7	16.2	0.5
10.1	0.193 3	57.63	0.089 7	94.92	0.003 1	28.31	26.7	5.9	20.0	1.4
11.1	0.048 4	39.74	0.016 2	40.86	0.002 5	11.75	16.4	0.5	16.1	0.6

注:采用1σ标准偏差。

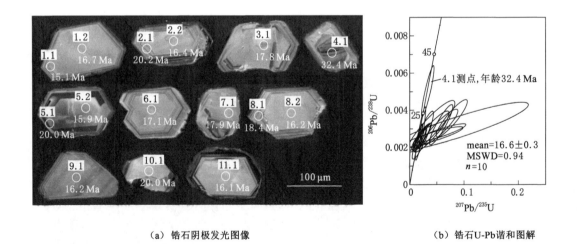

(a) 锆石阴极发光图像　　　　　　　　　　(b) 锆石U-Pb谐和图解

图 5-1 岗讲矿床二长花岗斑岩锆石阴极发光图像和锆石 U-Pb 谐和图解

锆石阴极发光(CL)图像研究显示:二长花岗斑岩锆石颗粒晶面晶棱清晰,多呈长柱状,自形-半自形结构,长度介于 60～130 μm,宽度变化于 50～100 μm,长宽比例约为 1.5:1～2:1。所有的锆石内部均具有很好的岩浆振荡韵律环带结构,属于典型的岩浆锆石类型[214,215]。个别锆石具有继承核或残留核(A5508-1-4)、溶蚀边(A5508-1-7)。锆石的核部年龄普遍小于边部年龄,例如 A5508-1-2 号锆石的核部年龄为 16.4 Ma,边部年龄为 20.2 Ma,A5508-1-5 号锆石的核部年龄为 15.9 Ma,边部年龄为 20.0 Ma,暗示本次所测锆石的边缘部分受到了老的"原始铅"的不等量污染,并不是锆石形成年龄的真实反映,而核部年龄相对比较"纯净"。

二长花岗斑岩(A5508-1)15 个测点的 $^{206}Pb/^{238}U$ 年龄值可明显地分为老、中、新三组,4.1 测点的年龄值最大,为 32.4 Ma,锆石保留着较好的核-幔边套合结构,核部为继承岩浆核,形态为浑圆状,颜色明显深于边部,边部环带模糊不清,反映其形成后受到熔融作用。该测点投影位于谐和曲线上,可能代表了区域上 32 Ma 左右的岩浆活动,郑有业等[216]测得朱诺斑岩铜矿含矿斑岩的锆石 SHRIMP 年龄数据中也存在一个孤立的 33.6 Ma 点,并且投影也位于谐和曲线上,表明区域上 32 Ma 左右的地质事件可能普遍存在。2.1、5.1 和10.1 测点年龄分别为 20.2 Ma、20.0 Ma 和 20.0 Ma,投影点明显偏离谐和曲线。8.1 点为锆石边部受污染后年龄,计算加权平均年龄时应剔除。剩余测点投影均落在谐和曲线上或附近,谐和度大于 95%,基本没有 U、Pb 同位素丢失或加入,锆石封闭性较好。剩余 10 个有效测点的锆石 $^{206}Pb/^{238}U$ 年龄介于 17.9～15.1Ma,采用 ISOPLOT 程序计算得出的加权平均年龄为 16.6 Ma±0.3 Ma,MSWD(平均标准权重偏差)=0.94。

5.1.3　花岗闪长斑岩

本次对花岗闪长斑岩样品(编号 A5508-2)测定了 12 颗锆石 15 个分析点,锆石 U-Pb 同位素测试结果见表 5-3,锆石阴极发光(CL)图像、测定点位和对应的 $^{206}Pb/^{238}U$ 年龄见图 5-2(a),锆石 $^{207}Pb/^{235}U$-$^{206}Pb/^{238}U$ 谐和图解见图 5-2(b)。

表 5-3　岗讲矿床花岗闪长斑岩(A5508-2)LA-ICP-MS 锆石 U-Pb 测年结果

测点	同位素比值						年龄/Ma			
	$^{207}Pb/^{206}Pb$	1σ	$^{207}Pb/^{235}U$	1σ	$^{206}Pb/^{238}U$	1σ	$^{207}Pb/^{235}U$	1σ	$^{206}Pb/^{238}U$	1σ
1.1	0.055 9	31.52	0.019 7	29.17	0.002 6	21.33	19.8	2.9	16.9	0.7
2.1	0.066 5	61.17	0.024 7	73.83	0.002 6	13.62	24.8	2.1	16.9	0.8
3.1	0.063 8	15.21	0.019 0	24.30	0.002 3	26.64	19.1	3.6	14.9	1.2
4.1	0.054 5	27.50	0.018 8	29.95	0.002 6	14.88	18.9	3.8	16.7	0.4
5.1	0.065 3	42.44	0.022 6	50.15	0.002 5	20.35	22.6	0.1	16.0	0.2
5.2	0.064 3	51.95	0.023 5	52.82	0.002 7	15.37	23.6	0.9	17.2	1.1
6.1	0.053 8	26.90	0.023 9	23.02	0.003 4	21.31	24.0	1.3	21.8	1.2
7.1	0.051 9	38.19	0.016 9	39.80	0.002 4	24.69	17.0	5.7	15.6	0.6
8.1	0.076 5	60.94	0.025 6	49.16	0.002 6	24.19	25.6	2.9	16.6	0.5
8.2	0.093 9	31.28	0.031 61	31.92	0.002 6	30.23	31.1	8.4	17.1	1.0
9.1	0.071 8	17.57	0.020 2	18.57	0.002 2	10.10	20.3	2.4	14.2	1.9

表 5-3(续)

测点	同位素比值						年龄/Ma			
	$^{207}Pb/^{206}Pb$	1σ	$^{207}Pb/^{235}U$	1σ	$^{206}Pb/^{238}U$	1σ	$^{207}Pb/^{235}U$	1σ	$^{206}Pb/^{238}U$	1σ
10.1	0.095 1	44.87	0.035 6	47.26	0.002 8	22.77	35.6	12.9	17.8	1.5
10.2	0.064 5	20.73	0.020 7	16.25	0.002 5	13.34	20.8	1.9	16.0	0.2
11.1	0.068 3	33.06	0.020 4	30.32	0.002 3	14.77	20.5	2.2	15.0	1.1
12.1	0.055 2	23.83	0.016 8	22.83	0.002 4	15.99	16.9	5.8	15.3	0.8

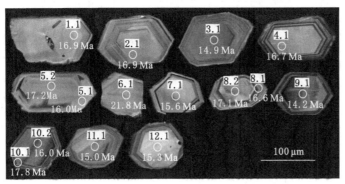

(a) 锆石阴极发光图像

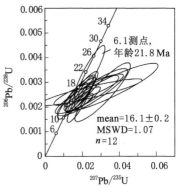

(b) 锆石 U-Pb 谐和图解

图 5-2 岗讲矿床花岗闪长斑岩锆石阴极发光图像和锆石 U-Pb 谐和图解

锆石阴极发光(CL)图像研究显示:花岗闪长斑岩样品中锆石颗粒晶形较好,呈长柱状或短柱状,粒径范围为 $60 \sim 150~\mu m$,长短轴比例约为 $1:1 \sim 2:1$;所有锆石均显示典型的岩浆振荡环带结构;除 A5508-2-1、A5508-2-6 锆石呈半自形结构外,其余锆石均具有自形结构,A5508-2-5 和 A5508-2-8 锆石边部显示窄而密振荡环带的继承锆石特征,核部年龄分别为 17.2 Ma 和 17.1 Ma,边部年龄分别为 16.0 Ma 和 16.6 Ma;A5508-2-9 锆石核部颜色明显加深,可能受到热液流体的影响;A5508-2-10 锆石的边部年龄老于核部年龄,边部可能受到老的"原始铅"的混入影响。

采用 ISOPLOT 软件对花岗闪长斑岩锆石测年数据进行谐和曲线投影和加权平均年龄计算。锆石 $^{207}Pb/^{235}U$-$^{206}Pb/^{238}U$ 谐和图解显示,8.2 和 10.1 测点明显偏移谐和曲线,6.1 点年龄明显偏老,为 21.8 Ma,但该点投影位于谐和曲线上,关于其地质意义下面会给予介绍。剔除这 3 个测点后 12 个有效测点的年龄值集中于 $17.2 \sim 14.2$ Ma,计算得出的锆石 $^{206}Pb/^{238}U$ 加权平均年龄为 (16.1±0.2) Ma,MSWD=1.07。

5.1.4 英云闪长玢岩

本次对英云闪长玢岩样品(编号 A5508-2)测定了 10 颗锆石 13 个分析点,锆石 U-Pb 同位素测试结果见表 5-4,锆石阴极发光(CL)图像、测定点位和对应的 $^{206}Pb/^{238}U$ 年龄见图 5-3(a),锆石 $^{207}Pb/^{235}U$-$^{206}Pb/^{238}U$ 谐和图解见图 5-3(b)。锆石阴极发光(CL)图像研究显示:英云闪长玢岩锆石多数颜色较深,个别锆石(A5508-3-4)呈浅灰白色,透明度较高;除 A5508-3-5 锆石韵律环带模糊不清外,其余锆石均具有清晰的岩浆振荡环带,属于典型的岩浆锆石;锆石大多数呈长柱状自形结构,粒径一般为 $80 \sim 130\ \mu m$,少数锆石(A5508-3-4 和 A5508-3-5)粒径达到 $200\ \mu m$,长宽比例约为 $1.2 : 1 \sim 2 : 1$。锆石中也存在核部年龄小于边部年龄的现象,边部受到不同程度的污染。

表 5-4　岗讲矿床英云闪长玢岩 LA-ICP-MS 锆石 U-Pb 测年结果

测点	同位素比值						年龄/Ma			
	$^{207}Pb/^{206}Pb$	1σ	$^{207}Pb/^{235}U$	1σ	$^{206}Pb/^{238}U$	1σ	$^{207}Pb/^{235}U$	1σ	$^{206}Pb/^{238}U$	1σ
1.1	0.085 9	62.46	0.027 4	72.79	0.002 4	12.68	15.9	1.7	15.1	0.2
2.1	0.166 6	37.31	0.053 4	42.55	0.002 4	21.51	16.5	1.1	15.7	0.6
3.1	0.363 2	51.42	0.199 6	70.10	0.004 0	29.38	27.6	9.8	25.7	1.5
3.2	0.233 9	53.81	0.112 1	90.62	0.003 2	32.24	22.4	4.8	20.5	0.9
4.1	0.139 3	82.71	0.067 5	159.91	0.002 5	61.90	16.8	0.8	16.2	1.0
4.2	0.132 2	36.19	0.042 4	56.54	0.002 3	22.53	15.5	2.1	14.9	0.2
5.1	0.165 3	81.51	0.057 3	66.78	0.002 6	23.67	18.1	0.5	16.9	1.7
6.1	0.085 3	21.70	0.024 1	25.85	0.002 1	18.17	14.6	3.0	13.6	1.6
7.1	0.140 1	46.11	0.047 0	54.41	0.002 5	24.08	17.8	0.2	16.3	1.3
7.2	0.094 6	37.37	0.026 5	44.30	0.002 4	15.04	14.2	3.4	13.3	1.6
8.1	0.190 1	77.91	0.083 6	122.76	0.002 7	40.34	19.4	1.8	17.1	1.9
9.1	0.063 0	17.54	0.018 3	24.82	0.002 0	12.10	13.5	4.1	13.1	2.0
10.1	0.103 9	40.96	0.030 9	38.48	0.002 2	12.53	16.6	1.0	14.2	0.8

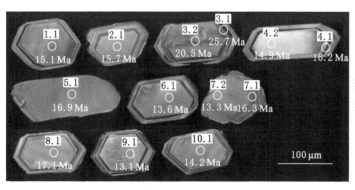

（a）锆石阴极发光图像

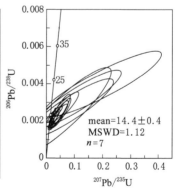

（b）锆石U-Pb谐和图解

图 5-3　岗讲矿床英云闪长玢岩锆石阴极发光图像和锆石 U-Pb 谐和图解

采用 ISOPLOT 软件对花岗闪长斑岩锆石测年数据进行谐和曲线投影和加权平均年龄计算。锆石 $^{207}Pb/^{235}U$-$^{206}Pb/^{238}U$ 谐和图解显示,2.1、3.1、3.2、4.1、5.1 和 8.1 点投影明显偏高离群,计算加权平均年龄时应该剔除,剩余 7 个有效测点的年龄值集中于 $16.3\sim13.1$ Ma,计算得出的锆石 $^{206}Pb/^{238}U$ 加权平均年龄为 (14.4 ± 0.4) Ma,MSWD=1.12。

岗讲矿床二长花岗斑岩、花岗闪长斑岩和英云闪长玢岩样品中均存在~20 Ma 的锆石 $^{206}Pb/^{238}U$ 年龄,如 A5508-1-10.1 点年龄为 20.0 Ma,A5508-2-6.1 点年龄为 21.8 Ma,A5508-3-3.2 点年龄为 20.5 Ma,可能代表区内某一期岩浆活动事件。芮宗瑶等[100]、林武等[217]、曲晓明等[218]和郑有业等[216]测得厅宫、冲江、南木和朱诺矿床含矿斑岩中也同样存在 $26\sim20$ Ma 左右的锆石 SHRIMP 年龄值,暗示该期岩浆活动具有区域性,可能与 21 Ma 前后软流圈物质上涌造成底侵镁铁质岩石部分熔融和地壳快速隆升有关[218],也可能与冈底斯第二次侵位高峰和逆冲断裂活动(30~20 Ma)有关[182]。

5.2 成矿年代学

大多数热液成因矿床 Re 元素主要富集于辉钼矿中[219],而辉钼矿中基本不含有普通 Os,实验测得的 ^{187}Os 几乎全部由 ^{187}Re 衰变而来,这使得辉钼矿 Re-Os 同位素测定矿床形成时代成为可能,测定的 Re-Os 同位素年龄基本上可以代表矿床辉钼矿单矿物的形成年龄[220,221]。成矿时代的精确厘定对于研究和探讨矿床成矿机制、成矿地球动力学背景、成因类型和成矿规律等都具有十分重要的意义。

5.2.1 样品采集与测试

本次用于研究辉钼矿单矿物的 12 件样品采自岗讲 GJPD02 平硐 101 m 位置,坑口坐标为 X:3 277 959,Y:15 786 501,H:4 824 m,样品编号依次为 BSPD2-03-1~BSPD2-03-12。样品中辉钼矿多呈细粒状和鳞片状,主要以辉钼矿-石英脉形式产出于二长花岗斑岩中,或产出于二长花岗斑岩裂隙面上(图版Ⅳ-1,Ⅳ-2,Ⅳ-3,Ⅳ-4)。样品中辉钼矿含量充分,旁侧还发育有星点状黄铜矿化,采集的样品在矿区内具有广泛代表性。样品单矿物分选工作由河北省廊坊区域地质矿产调查研究所实验室完成。样品在无污染环境下经过机械粉碎至 $60\sim80$ 目,再经淘洗、重力和磁选后,在双目镜下挑选出纯度达 99% 以上的辉钼矿单矿物,最后经玛钵研磨后获得 200 目的辉钼矿单矿物用于分析测试,本次挑选出的辉钼矿单矿物质纯,无污染。辉钼矿 Re-Os 同位素分析测试工作在国家地质实验测试中心完成,采用 Carius 管封闭溶样对其进行分解,利用美国 TJA 公司生产的电感耦合等离子体质谱仪(TJA X-series ICP-MS)测定辉钼矿 Re、Os 同位素比值。详细的分析测试流程可参考文献[222-224],在此不作赘述。

测试过程选用辉钼矿国家实验标准物质 GBW04436(JDC)进行验证(表 5-5),测得标准样 JDC 的 Re 含量为 (17.22 ± 0.14) $\mu g/g$,Os 含量为 (25.23 ± 0.17) ng/g,与推荐值在误差范围内高度一致。对实验空白水平进行监测(表 5-6),全流程 Re 空白水平为 $(0.003\ 5\pm0.000\ 2)$ ng/g,Os 和 ^{187}Os 空白水平分别为 $(0.000\ 10\pm0.000\ 02)$ ng/g 和 $(0.000\ 21\pm0.000\ 06)$ ng/g,远远小于测试样品的 Re、Os 含量,对实验几乎不会造成影响。这些都验证了本次测试获取的年龄数据精确可靠。模式年龄 t 可以通过 ^{187}Re 和 ^{187}Os 的含量计算而得,公式为:$t=[\ln(1+^{187}Os/^{187}Re)]/\lambda$,其中,$\lambda$($^{187}Re$ 衰变常数)=1.666×10^{-11} a^{-1}[225]。

表 5-5   实验标准物质 GBW04436(JDC)辉钼矿 Re-Os 测试结果与标准值对比

编号	原样名	样重/g	Re/(μg/g)		^{187}Os/(ng/g)		模式年龄 t/Ma	
			测定值	2σ	测定值	2σ	测定值	2σ
140402-23	JDC	0.050 29	17.22	0.14	25.23	0.17	139.8	2.0
GBW04426	JDC		17.39	0.32	25.46	0.60	139.6	3.8

表 5-6   实验空白水平测定结果

编号	原样名	Re/ng		普 Os/ng		^{187}Os/ng	
		测定值	2σ	测定值	2σ	测定值	2σ
140402-24	BK	0.003 5	0.000 2	0.000 10	0.000 02	0.000 21	0.000 06

5.2.2   辉钼矿 Re-Os 同位素测年

岗讲斑岩铜钼矿床 12 件辉钼矿样品 Re-Os 同位素分析测试结果列于表 5-7。辉钼矿中普通 Os 含量很低,趋于 0,表明 ^{187}Os 几乎全部由 ^{187}Re 衰变而成,符合 Re-Os 同位素体系模式年龄计算条件[226]。辉钼矿 Re 含量变化为(155.4±1.1)μg/g～(171.1±1.5)μg/g,平均 162.9 μg/g, ^{187}Re 含量与 ^{187}Os 含量变化比较协调。采用 ISOPLOT 软件对 12 组年龄数据进行等时线拟合,获得了一条较好的 ^{187}Re-^{187}Os 等时线,根据斜率计算出等时线年龄为(13.6±1.6) Ma,MSWD=1.2[图 5-4(a)]。

表 5-7   岗讲矿床辉钼矿 Re-Os 同位素分析测试结果

样品编号	样重	Re±2σ	普 Os±2σ	^{187}Re±2σ	^{187}Os±2σ	模式年龄
	g	μg/g	ng/g	μg/g	ng/g	Ma
BSPD2-03-1	0.005 04	161.3±1.4	0.001 6±0.037 1	101.4±0.9	22.38±0.17	13.24±0.20
BSPD2-03-2	0.010 06	163.8±1.8	0.065 2±0.018 4	102.9±1.1	23.23±0.14	13.55±0.22
BSPD2-03-3	0.010 53	165.0±2.0	0.115 2±0.025 3	103.7±1.2	23.22±0.17	13.44±0.23
BSPD2-03-4	0.010 28	161.0±1.4	0.000 8±0.050 2	101.2±0.9	22.81±0.13	13.52±0.19
BSPD2-03-5	0.010 44	155.9±1.3	0.091 5±0.017 8	98.0±0.8	21.92±0.16	13.42±0.20
BSPD2-03-6	0.010 18	165.0±1.4	0.105 1±0.033	103.7±0.9	23.16±0.15	13.41±0.19
BSPD2-03-7	0.010 38	171.1±1.5	0.105 9±0.025 9	107.6±0.9	23.95±0.14	13.36±0.19
BSPD2-03-8	0.010 36	164.8±1.4	0.110 8±0.018 2	103.6±0.9	23.08±0.16	13.38±0.20
BSPD2-03-9	0.010 07	165.8±1.3	0.092 8±0.018 4	104.2±0.8	23.18±0.14	13.35±0.19
BSPD2-03-10	0.010 96	162.5±1.3	0.000 7±0.119 9	102.2±0.8	22.72±0.16	13.35±0.19
BSPD2-03-11	0.010 36	155.4±1.1	0.060 4±0.026	97.7±0.7	21.75±0.16	13.36±0.19
BSPD2-03-12	0.010 73	162.9±1.2	0.092 4±0.025 2	102.4±0.8	22.79±0.22	13.36±0.21

本次获得的岗讲矿床辉钼矿 Re-Os 同位素等时线年龄误差为 1.6 Ma,相对偏大,对于其产生的原因有以下 3 种:① 实验误差,包括仪器测量误差和化学处理误差等,为 1.5% 左右;② Re-Os 同位素体系中初始 ^{187}Os 的不均一性导致不同辉钼矿形成时间差是真实存在的;③ 本次 12 件辉钼矿样品的采集位置相对靠近,从表 5-7 中可以看出,辉钼矿中 ^{187}Re 的含量非常接近,有些含量甚至在误差范围内,在等时线上表现为投影点紧密排列在一起[图 5-4(a)],不能很好地控制一致曲线的斜率,导致拟合误差偏大,这可能是产生等时线年龄误差的主要因素。因此,我们认为等时线年龄差值(1.6 Ma)并不是岗讲矿床成矿事件持续时间的真实反映。12 件辉钼矿 Re-Os 模式年龄集中于(13.24±0.20) Ma~(13.55±0.22) Ma,加权平均值为(13.4±0.1) Ma(MSWD=0.64)[图 5-4(b)],与等时线年龄基数值 13.6 Ma 基本一致。因此,我们本次将岗讲斑岩铜钼矿床的形成年龄定为 13.4 Ma 更加合理,成矿事件发生于中新世。

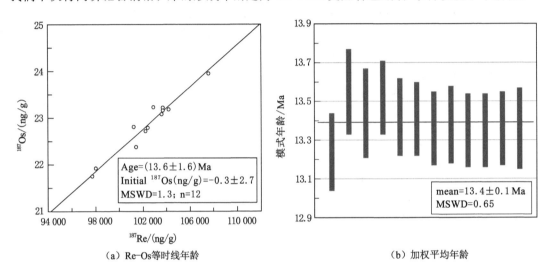

（a）Re-Os等时线年龄　　　　　　　　　（b）加权平均年龄

图 5-4　岗讲矿床辉钼矿 Re-Os 等时线年龄及加权平均平均年龄

5.2.3　Re 含量与成矿物质来源

一般情况下,Re 含量在地幔和地核中有明显富集的趋势,成矿物质以幔源为主的矿床辉钼矿 Re 含量往往较高,而成矿物质来源于地壳的矿床辉钼矿 Re 含量较低,因此利用辉钼矿中 Re 含量可以示踪成矿物质来源以及指示成矿过程中不同物质来源的混入情况[227]。Mao 等[228]在全面搜集、对比分析中国不同成因类型矿床 Re 含量与成矿物质来源关系的基础上,总结指出从幔源→壳幔混合源(Ⅰ型花岗岩)→壳源(S 型花岗岩),辉钼矿 Re 含量从 $(n\times10\sim n\times10^3)\ \mu g/g \rightarrow n\times10\ \mu g/g \rightarrow n\ \mu g/g$,具有呈数量级递减的趋势。本次 Re-Os 同位素测试获得的岗讲铜钼矿床辉钼矿中 Re 含量范围为 155.4~171.1 $\mu g/g$,均值为 162.9 $\mu g/g$,表明岗讲铜钼矿床成矿物质中有幔源成分的加入。这与冈底斯斑岩铜矿床含矿斑岩和金属硫化物 S、Pb 同位素得出的矿床成矿物质源区中有幔源成分加入的观点是相吻合的[229,230]。

5.3 岩浆演化序列

在翔实的野外地质调查基础上,对本次获得的锆石 U-Pb 和辉钼矿 Re-Os 年龄以及前人报道的邻近矿区(厅宫、冲江和白容)成岩成矿年代数据加以综合分析,旨在厘清岗讲矿区复杂的岩浆演化与成矿过程。

前已叙及,岗讲矿区岩浆活动频繁,出露的侵入岩主要有含巨斑黑云二长花岗岩、二长花岗斑岩、花岗闪长斑岩、英云闪长玢岩、流纹斑岩、英安斑岩以及安山玢岩。本次测得岗讲矿区花岗闪长斑岩锆石 U-Pb 年龄为(16.1±0.2)Ma,早于英云闪长玢岩成岩年龄(14.4±0.4)Ma,晚于二长花岗斑岩锆石 U-Pb 年龄(16.6±0.3)Ma。

野外地质调查(图版Ⅳ-5,Ⅳ-6,Ⅳ-7,Ⅳ-8,图 5-5)发现,岗讲矿区含巨斑黑云母二长花岗岩呈岩基产出,构成主矿体外部围岩,因此可以判定其侵位更深,年代更早;二长花岗斑

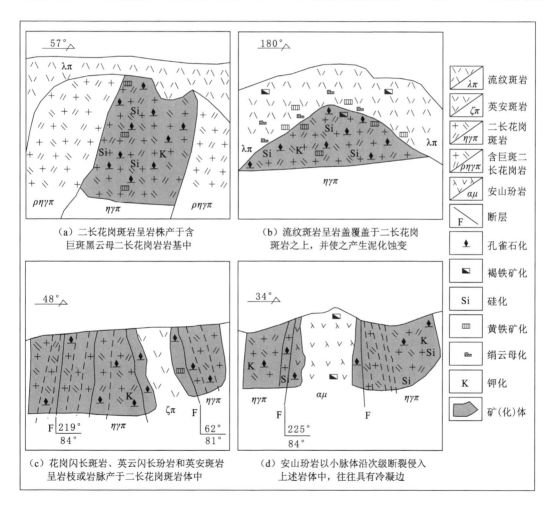

图 5-5 岗讲矿区主要岩体侵入序列野外素描

岩在区内呈岩株状产于含巨斑黑云母二长花岗岩基中,而花岗闪长斑岩、英云闪长玢岩和英安斑岩均呈岩脉、岩枝侵入于早期岩体中,接触面发育冷凝边,表示其形成较晚;流纹斑岩和英云闪长玢岩是同一期岩浆由于侵入深度的不同而表现出的不同相变,流纹斑岩在地表呈岩盖覆盖于二长花岗斑岩之上,并使之产生泥化蚀变,英云闪长玢岩在深部呈岩脉穿插于二长花岗斑岩体中,破坏二长花岗斑岩体完整性,说明其侵入晚于二长花岗斑岩;安山玢岩通常以小的岩脉状产出于上述各岩体中,并在接触面发育有冷凝边。综上所述,岗讲矿区主要岩体侵入次序为含巨斑黑云母二长花岗岩→二长花岗斑岩→花岗闪长斑岩→流纹斑岩(深部为英云闪长玢岩)→安山玢岩,至于英安斑岩的侵入期次,目前缺少年代学证据和野外证据,但是可以肯定的是其呈岩脉或岩枝产出于二长花岗斑岩中,形成时间应晚于二长花岗斑岩。

岗讲矿区岩体侵入序列与邻近矿区具有一定的可比性,具体体现在:厅宫矿区英云闪长玢岩的黑云母 ^{40}Ar-^{39}Ar 年龄[(14.9±0.2) Ma]略早于花岗闪长斑岩的黑云母 ^{40}Ar-^{39}Ar 年龄[(14.2±0.2) Ma][59],晚于二长花岗斑岩的锆石 SHRIMP 年龄[(17.0±0.6) Ma][100]和全岩 K-Ar 年龄[(16.5±0.8) Ma][231];冲江矿区二长花岗斑岩锆石 SHRIMP 年龄为(16.8±0.8) Ma[60]和(15.6±0.5) Ma,早于英云闪长玢岩锆石 SHRIMP 年龄[(14.6±0.7) Ma][67];李金祥等[59]获得白荣矿区花岗闪长斑岩和英云闪长玢岩黑云母 ^{40}Ar-^{39}Ar年龄分别为(12.4±0.2) Ma 和(12.5±0.2) Ma,晚于二长花岗斑岩角闪石 K-Ar 年龄[(16.9±2.4) Ma]。因此,本文厘定的岗讲矿区岩浆演化序列在区域上可能具有普遍意义。

5.4　成矿动力学背景

冈底斯造山带夹于班公错-怒江缝合带(BNSZ)和雅鲁藏布江缝合带(YZSZ)之间,相对更靠近南部的 YZSZ,完整记录了古特提斯洋向南俯冲消亡、新特提斯洋向北俯冲消亡、印度-亚洲大陆碰撞造山等一系列重要地质事件。冈底斯斑岩型矿床的形成贯穿于印度-亚洲大陆碰撞的全部过程,但是后碰撞期较主碰撞期和晚碰撞期产出的矿床规模更大、数量更多,表明冈底斯中新世后碰撞伸展构造环境对成矿最为有利[232,233]。

雅鲁藏布江于晚三叠世开始发育[234],新特提斯洋于早-中侏罗世开始向北俯冲,形成以叶巴组和雄村组为代表的岛弧火山岩[235],经历晚侏罗世的持续俯冲后于古近纪早中期开始闭合(70~65 Ma),印度-亚洲大陆开始进入碰撞造山阶段[236,237];冈底斯广泛分布的林子宗群火山岩底侵年龄(65 Ma)基本代表了碰撞的起始时间。青藏高原造山带随后相继经历了主碰撞陆陆汇聚(65~41 Ma)、晚碰撞构造转换(40~26 Ma)和后碰撞地壳伸展(25~0 Ma)演化历程[71],并伴随着强烈的构造-岩浆-成矿作用。随着雅鲁藏布江俯冲洋壳的断离[192],冈底斯带开始发生东西向伸展,并形成数量众多的花岗质斑岩体。冈底斯南北向分布的基性岩墙的侵位时间为 18~13 Ma,预示后碰撞东西向伸展可能始于 18 Ma。在 14 Ma 前后,由于强烈的东西向伸展从而形成一系列近南北向的张性裂谷、正断层系统,伴随着冈底斯地壳快速隆升与剥蚀,导致深部岩浆房减压破裂,钾质钙碱性含矿岩浆沿南北向正断层呈串珠状上侵就位于冈底斯花岗岩基中,从而形成了一条近东西向平行于主碰撞带的斑岩成矿系统。具有代表性的斑岩铜矿床有驱龙、甲玛、厅宫、冲江、邦铺、拉抗俄等。本次获得的岗讲矿床精确的成矿年代[(13.4±0.1) Ma]表明其亦形成于印度-亚洲大陆碰撞造山带的后碰撞伸展构造环境。

5.5 区域成岩成矿时代

前人对冈底斯成矿带后印度-亚洲大陆碰撞后伸展阶段以来成岩成矿时代做了大量年代学研究,并获得了丰富的年龄数据。本书在全面搜集前人资料的基础上,结合岗讲矿床年龄数据,对冈底斯东段成岩、成矿时代进行统计分析,旨在厘清其成岩成矿格架。

冈底斯带不同地段产出的矿床成岩成矿时代略有差异,具体表现为:冈底斯带最西段的朱诺斑岩铜(钼金)矿床成岩时代为15.6～14.0 Ma,成矿时代为(13.7±0.6) Ma[216,238];中段典型的驱龙斑岩铜矿成岩时代为17.6～16.3 Ma,成矿时代为16.2～16.0 Ma[231,239];岗讲斑岩铜钼矿床的成岩时代为16.6～14.4 Ma,成矿时代为(13.4±0.1) Ma;冲江斑岩铜钼矿床成岩时代为16.8～11.4 Ma,成矿时代为14.8～14.0 Ma[67,240];厅宫斑岩铜钼矿床的成岩时代为17.6～12.9 Ma,成矿时代为(15.5±0.4) Ma[59,231];邦铺斑岩钼铜矿床成岩时代为16.2～13.9 Ma,成矿时代为15.3～14.9 Ma[241,242];最东段汤不拉斑岩铜矿成岩年龄为(19.7±0.2) Ma,成矿年龄为(20.9±1.3) Ma[232]。这些年龄数据表明冈底斯斑岩铜矿带成岩成矿时代自东向西呈逐渐年轻化的趋势,这可能与雅鲁藏布江缝合带自东向西闭合时间逐渐变晚有关[77]。对现有冈底斯成矿带后伸展阶段以来成岩成矿时代数据进行统计[图5-6(a)],结果表明冈底斯斑岩成矿带成岩时代分布于20～11 Ma,并在16 Ma和12 Ma左右两次达到侵位高峰期;成矿时代主要集中于17～13 Ma[图5-6(b)],15 Ma左右为成矿高峰期。

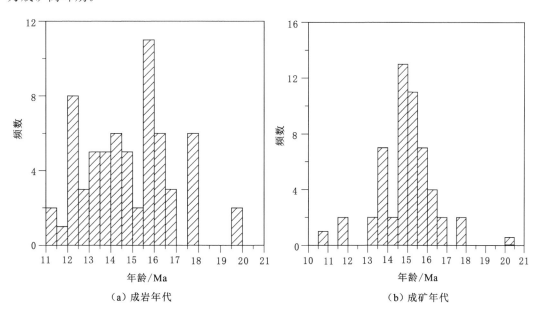

（a）成岩年代 （b）成矿年代

图5-6 冈底斯东段后伸展阶段成岩、成矿时代柱状图

芮宗瑶等[243]研究指出,冈底斯斑岩铜钼成矿系统复杂的岩浆-热液活动可能持续3～8 Ma,但成矿事件往往是"瞬间"发生于岩浆-热液活动的中晚阶段。14 Ma左右,冈底斯带发生强烈的东西向伸展,形成了一系列近南北向的正断裂系统,岩浆流体快速上侵就位并充分异演化,从而构成冈底斯斑岩铜钼岩浆-热液-成矿系统。同一矿床的成岩成矿时代相近,成矿年龄略晚于成岩年龄,但考虑到成矿流体演化到约500～400 ℃时才形成辉钼矿,代表了岩浆热液活动晚期的低温阶段,而含矿斑岩中锆石的封闭温度较高[(750±50) ℃],由此推断,在印度-欧亚板块碰撞后的伸展环境下,冈底斯成矿带成岩成矿事件是一个连续的岩浆作用过程,成岩成矿作用近乎同时发生,成矿事件是在短暂的时限内快速完成的。每一个矿床都可能代表一个相对独立的岩浆-热液系统,但是区域上成岩成矿时代显示出的高度一致性,暗示着成岩成矿事件受控于统一的地球动力学背景。

6 岗讲铜钼矿化富集规律及成矿机理

6.1 矿化形式及分带特征

6.1.1 矿化形式

岗讲矿床矿化形式以氧化带矿化和原生矿化为主,两种矿化形式同时存在则称为混合型矿化。

(1) 氧化带矿化

在岗讲矿区地表及浅部的氧化带中,矿化主要表现为沿断裂、裂隙、破碎带发育的次生铜富集,矿石矿物以孔雀石为主,少量蓝铜矿,孔雀石常见李泽冈环(风化带中地下水渗滤形成的环状或多环状富集现象),并发育褐铁矿化和锰染(图版 V-1, V-2)。次生富集是在原生矿化基础上发育的,并不是所有的断裂破碎带中都有铜矿化,只有当后期断裂破碎带叠加到原生矿(化)体时,次生富集才发育。因此在氧化带中,常见被氧化的含黄铜矿、辉钼矿石英脉,这些石英-硫化物脉体是原生矿化的主要表现形式(图版 V-1)。断裂破碎带中水、氧气、碳酸盐有助于孔雀石的集中形成,化学反应方程式为:

$$CuFeS_2(黄铜矿)+4O_2 \longrightarrow CuSO_4+FeSO_4$$

$$2CuSO_4+2CaCO_3+H_2O \longrightarrow Cu_2(CO_3)(OH)_2(孔雀石)+2CaSO_4+CO_2$$

(2) 原生矿化

区内原生矿化主要分为两种,一种是含硫化物石英脉矿化(图版 V-3),脉体以石英为主,含黄铜矿、辉钼矿、黄铁矿等硫化物,脉体规模变化幅度较大,最厚可达 50 mm,小的仅为 1 mm 左右,硫化物含量变化于 0~3%;另一种是石英硫化物细脉或网脉矿化(图版 V-4),脉体以硫化物为主或者硫化物与石英含量相当,该类脉体一般较细,最厚达 5 mm,多见厚度为 0.1~1 mm,常表现为不连续薄膜状或浸染状矿化。两种矿化代表了两期矿化事件,石英硫化物脉形成较早,含硫化物石英脉形成较晚。

野外调查与钻孔资料显示,无论是氧化带还是原生矿化带,凡后期断裂破碎带构造发育之处,铜、钼品位相对于岩石完整地段有明显增高的趋势,并且往往发育有硅化(石英细脉)蚀变。从 ZK006 钻孔柱状图和铜、钼品位变化曲线图(图 6-1)可以看出,在断裂破碎带附近,铜、钼品位相对较高。但是在铜、钼品位较高处,未必发育有破碎带。这表明断裂破碎带是成矿期后才形成的,是继承原先被含硫化物石英脉所填充裂隙带(岩性介质的力学薄弱处)而发育的。在氧化带中,破碎带有利于地表水向下运动,有利于金属元素的次生富集。因此,构造破碎带是氧化矿最重要的控矿因素之一,但需要叠加有原生矿化的情况下方能起作用。

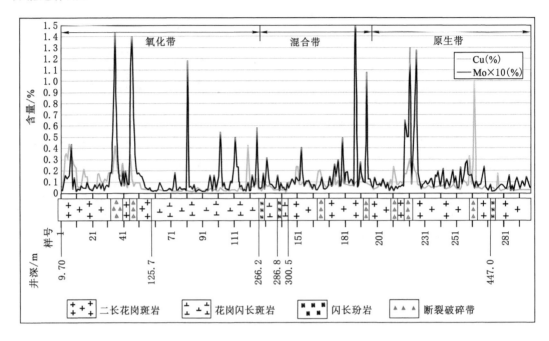

图 6-1　岗讲 ZK006 钻孔柱状图及铜、钼矿化富集与构造破碎带关系图解

6.1.2　矿化分带特征

岗讲矿床氧化矿化带-(混合矿化带)-原生矿化带在平面上和垂向上分布具有如下特征。

（1）平面上分布特征

岗讲矿床以 7 号勘查线 ZK704 钻孔所处的近东西向山脊为界,往南为强氧化带,地表矿体氧化强度高,氧化铜矿石品位一般大于 0.6％;往北至 16 线为中等氧化带,氧化铜矿石品位为 0.5％左右;16 线以北为弱氧化带,地表有大面积第四系冰碛物覆盖层,矿石氧化程度较低,氧化铜矿石品位一般小于 0.5％。

（2）垂向上分布特征

通过统计岗讲现有钻孔铜钼品位测试数据,总结出矿化分带从上而下大致分为氧化带、混合带和原生硫化带(表 6-1)。

表 6-1　岗讲矿床氧化程度-深度关系一览表

勘查线编号	氧化带垂深/m	混合带垂深/m	原生带垂深/m
26	无氧化带	无混合带	>340
22	16~70	无混合带	>490
20	70~100	无混合带	>70~100
16	60~150	150-220	>60~220

表 6-1(续)

勘查线编号	氧化带垂深/m	混合带垂深/m	原生带垂深/m
12	0～75	无混合带	＞0～75
8	100～120	140～230	＞140～230
4	40～90	80～155	＞80～155
0	100～140	125～190	＞125～190
3	115～75	200～225	＞200～225
7	80～85	200～250	＞200～250
11	70～95	无混合带	＞70～95

氧化带:深度一般为 0～150 m,多见于 70～100 m,氧化率为 46.43%～87%;混合带:深度一般为 80～250 m,氧化率为 14.66%～23.03%,矿区北部 12 线、20 线、22 线、26 线和南部 11 线未见混合带;硫化带:深度一般为 70～200 m 以下,厚度一般大于 16～250 m,硫化率 91.46%～97.17%。

6.2　元素分带特征

6.2.1　元素垂向分带特征

通过对岗讲 12 线 ZK1206、ZK1204、GJ19 以及 ZK1202 四个钻孔岩芯进行系统观察取样,钻孔从浅部到深部的岩性组成、围岩蚀变、矿化特征以及变化趋势等具有如下特征:由上而下,岩性表现出由二长花岗斑岩向英云闪长玢岩过渡的趋势,在中部及深部,二长花岗斑岩与英云闪长玢岩出现互层的情况。矿化整体上良好,主要矿化类型为孔雀石化、黄铜矿化、辉钼矿化以及黄铁矿化,多与裂隙和内部破碎带有关。浅部岩石多见破碎,氧化程度较高,氧化矿以脉状、浸染状、(斑)团状产出为主,矿化强度相对较高。在二长花岗斑岩与英云闪长玢岩互层的岩芯段,可以看出二长花岗斑岩矿化较好,而英云闪长玢岩内矿化较弱(甚至无矿化),多见星点状黄铁矿化及少量辉钼矿化。二长花岗斑岩内钾长石增多的地段矿化强度明显增强,以脉状、星点状产出,富集情况较好。岩性向英云闪长玢岩过渡块段,矿化明显减弱。结合地表路线追溯,断裂延伸至地表的次级断裂构造中,有明显的孔雀石化及辉钼矿化,而断裂两侧的花岗岩体中,基本不见矿化蚀变。这说明矿化主要受断裂构造控制,孔雀石化、黄铜矿化、辉钼矿化及黄铁矿化主要沿断裂及裂隙面富集。

6.2.1.1　元素组合特征

陈守余等[197]对 12 线 ZK1206、ZK1204、GJ19 和 ZK1202 四个钻孔采集样品分析测试了 Cu、Pb、Ag、Zn、Mo、W、As、Sb、Bi、Co、Ni、Mn、Cd 及 V 共 14 种成矿元素及伴生元素含量,测试工作由广州澳实分析测试中心完成。对测试数据进行相关的统计学分析,分别得出每种元素含量的最大值、最小值、平均值、上四分位数,结果列于表 6-2。可以看出,Cu 含量最大值达 0.67%,Mo 为 0.17%,Pb 为 0.32%,Ag 为 34.6 g/t。变异系数可以用来考察元素在地质体内分布的均匀性,可以看出,Cu 元素变异系数为 0.75,小于 1,表明其在地质

体中分布相对比较均一,平均含量为 0.17%;而 Mo、Pb、Ag 元素对应的变异系数分别为
1.38、1.91、1.56,均大于 1。以上结果表明岗讲斑岩体内普遍具有较高的 Cu 背景值,而
Mo、Pb、Ag 等则具有局部富集的特征。

表 6-2 岗讲矿区成矿元素及伴生元素含量统计特征 单位:×10⁻⁶

变量	最小值	最大值	均值	中值	上四分位	下四分位	标准偏差	变异系数
Cu	17	6 690	1 682.6	1 400	867	2 320	1 269.3	0.75
Pb	19	3 170	171.6	100	46.25	199	327.2	1.91
Zn	21	864	197.4	133	73.5	275	176.4	0.89
Ag	0.2	34.6	2.37	1.5	0.98	2.33	3.69	1.56
Mo	1	1710	195.6	101	44.75	214.3	269.4	1.38
W	5	80	26	20	10	30	16	0.62
As	2	105	18.79	15	6	26.25	18.06	0.96
Sb	2	122	22.04	11	6	28.25	26.03	1.18
Bi	1	20	3.31	3	2	4	2.62	0.79
Co	1	61	6.07	4	3	5	8.66	1.43
Ni	3	58	10	7	6	10	9.87	0.99
Mn	77	8 660	601.68	343	232.5	547.75	1 092.6	1.82
Cd	0.5	2.8	0.79	0.5	0.5	0.9	0.52	0.66
V	21	93	41.5	39.0	32.5	46.0	12.3	0.29

对各元素变量数据进行 R 型聚类分析,得出聚类分析谱系图(图 6-2),可以看出,以 17
为距离,14 种元素大致可以分为 3 大类,第一类包括 Pb、Ag、As、Sb、Zn、Cd、Mo,代表中低
温成矿元素组合;第二类包括 Co-Mn-Cu,代表了铜矿化信息;第三类包括 Ni-V-W,代表了
高温成矿元素组合;剩余的 Bi 元素与其他各元素相关性较低,表现出独立因子成分。成矿
元素在迁移与富集过程中,由于沉淀时物理、化学条件的不同,矿物生成有先有后,导致元
素的地球化学分带现象。聚类分析显现了不同元素之间的地球化学性质差异性以及亲
缘性。

采用因子分析方法,分别提取了 4 个主因子,获得方差极大旋转成分矩阵(图 6-2),累
计方差贡献率达 71%,主因子基本上包含了原始元素变量的大部分信息。其中,F1:Pb、
Zn、Ag、Mo、Bi、Cd;F2:Cu、Co、Mn;F3:W、V;F4:Cu、As、Sb。因子分析结果与聚类结果基
本一致,结合后文原生晕垂向分带序列,可以发现,F2 主要代表的是矿体前缘晕元素组合,
F4 主要代表的是近矿元素组合,F1 主要代表的是矿体尾晕元素组合,F3 因子与其他因子
之间关系不明显,与成矿关系不大。

6.2.1.2 元素空间分布特征

在矿体的不同截面上,各种元素在地球化学谱中位置的变化性决定了原生晕的分带,
而原生晕的分带性对于定量、定性判断矿体埋深、剥蚀程度以及预测潜在盲矿体等有着极
其重要的意义。岗讲 12 线成矿成晕元素空间分布(图 6-3)有如下规律:

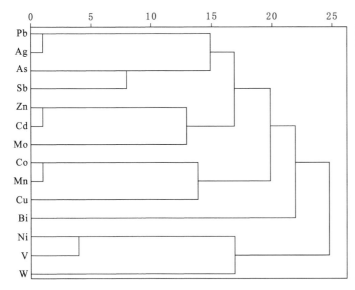

因子分析旋转成分矩阵

元素	F1	F2	F3	F4
Cu	−0.006	0.589	0.169	0.414
Pb	0.730	−0.077	0.059	0.378
Zn	0.772	0.226	−0.081	0.103
Ag	0.675	−0.133	0.088	0.495
Mo	0.394	0.362	−0.102	0.127
W	−0.157	−0.082	0.637	0.325
As	0.067	0.103	−0.100	0.714
Sb	0.350	0.113	−0.174	0.750
Bi	0.425	−0.011	−0.018	−0.249
Co	0.051	0.917	0.061	−0.029
Ni	0.091	0.155	0.772	−0.276
Mn	0.182	0.888	−0.135	0.001
V	−0.064	−0.075	0.927	−0.181
Cd	0.816	0.283	−0.108	0.078

图 6-2 岗讲元素聚类谱系图及因子分析旋转成分矩阵

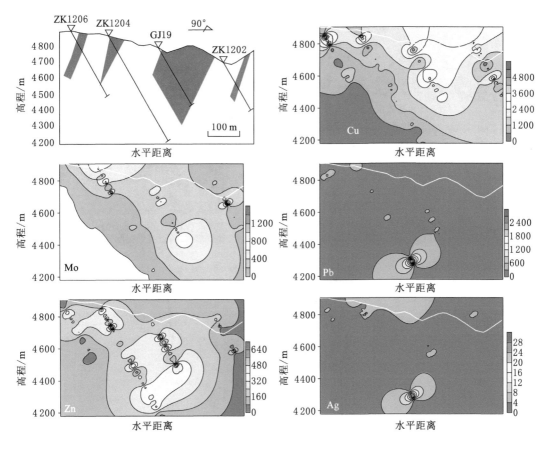

图 6-3 岗讲成矿成晕元素浓度分带图

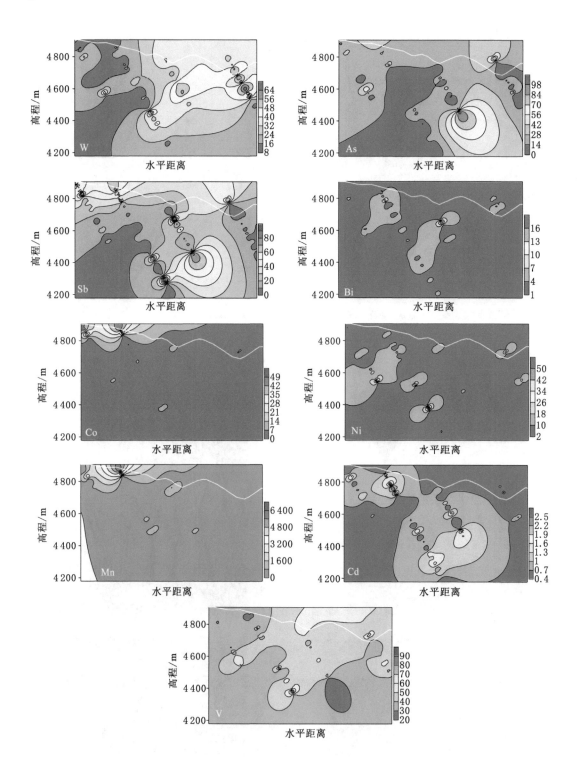

图 6-3 （续）

（1）Cu 元素空间上主要分布于上部，在矿体头部浓度分带清晰，结构较完整，异常强度较大，随着深部的加大，在矿体的中下部异常强度逐渐减小，异常形态产状与已知铜矿体一致，为向西陡倾；Co、Mn 元素虽然在浅部也表现出了较大的异常强度，但是结构不完整；Sb 元素在矿体头部及尾部均具有较大的异常规模，在矿体附近强度明显减弱；Mo 元素在矿体的上部、中部及尾部具有一定的异常强度，相比而言浅部异常规模较高，分布形态与 Cu 元素相似。

（2）Pb、Ag、As 元素主要集中分布于矿体尾部，异常形态相似，产状大致为向西陡倾，Zn 元素异常分布范围较广，上、中、下部均有分布，且结构比较完整，随着深部的加大异常强度和规模有逐渐变大的趋势，Pb、Zn、Ag、As 元素具有尾晕元素的特征。

（3）Cd、W、V 元素主要分布于矿体的中上部，异常背景值较高，形态产状与已知矿体一致，为向西陡倾。

结合原生晕分布特征及其与矿体的空间位置关系，定性厘定了矿体前缘元素为 Mn、Co、Sb、Cu，近矿元素为 Cu、Mo、Ni、Bi、W、V、Cd，尾晕元素为 Pb、Ag、Zn、As。

6.2.1.3　原生晕垂向分带特征

原生晕垂向分带可以反映出含矿溶液的运移规律，成矿元素及伴生元素在轴向上的分带序列对于研究矿体剥蚀程度及深部盲矿体预测等都具有十分重要的意义。目前常用的计算原生晕分带指数方法是格里戈良在 1975 年提出的。

格里戈良法计算分带指数的主要步骤如下：

（1）计算不同标高元素的线金属量，确定各元素的标准化系数 KH，对线金属量进行标准化；

（2）计算分带指数，元素在分带序列中的位置为该元素最大分带指数值所对应的标高，由此可以对元素进行初步排序，分带指数计算公式为：

$$D = ES_x / \sum_{i=1}^{n} ES_i$$

式中，D 代表某标高上某元素的分带指数；ES_x 代表该标高上标准化后的线金属量；$\sum ES_i$ 代表该标高上所有元素标准化后线金属量之和。

（3）当某一标高上出现多个元素分带指数最大值时，需要采用变异性指数（G）及其梯度差（ΔG）来对这些元素进一步排序，其中 $\Delta G = G_上 - G_下$，$G_上$ 为 D_{max} 所处中段以上的变异性指数值，$G_下$ 为 D_{max} 所在中段以下的变异性指数值。变异性指数计算公式为：

$$G = \sum_{i=1}^{n} \frac{D_{max}}{D_i}$$

式中，G 代表变异性指数；D_{max} 代表元素分带指数最大值；D_i 代表该元素在 i 中段的分带指数值（不包括 D_{max} 所在中段）；n 代表除 D_{max} 中段外剩余中段数。

按照上述方法，对岗讲 12 线 GJ09、ZK1202、ZK1204 以及 ZK1206 四个钻孔元素测试数据进行原生晕垂向分带研究。将 12 线原生晕剖面自地表向下依次划分出 4 800 m、4 700 m、4 600 m、4 500 m 及 4 400 m 共 5 个中段，分别计算出每个中段元素线金属量，找出线金属量最大值作为 KH＝1，其他线金属量最大值与作为标准化系数值的数量级倍数可以作为标准化系数（表 6-3）。然后进行分带指数计算，获得 12 线不同中段各元素分带指数,列于表 6-4。

表 6-3　岗讲矿区原生晕不同标高线金属量统计

元素	KH	4 800 m	4 700 m	4 600 m	4 500 m	4 400 m	4 300 m	4 200 m
Cu	1	612 364.3	795 636.9	577 101.4	732 098.4	312 535	115 369.8	108 980.9
Pb	1	57 778.15	61 988.4	51 673.2	48 886.7	34 351.9	19 412.9	133 944.7
Zn	1	47 206.5	90 617.9	83 321.3	62 686.3	59 025.7	38 971.4	45 989.7
Ag	100	81 380	121 331	62 143	73 992	49 576	24 360	141 291
Mo	1	63 196.35	117 099.2	72 351.9	53 521.3	49 744.5	8 110.4	13 293.2
W	10	45 460	116 410	106 560	140 920	51 200	37 240	31 090
As	100	605 200	872 890	691 170	617 740	484 440	81 200	167 470
Sb	10	121 132.5	92 561	74 472	49 072	53 133	7 272	44 189
Bi	100	74 860	154 940	177 830	133 470	63 530	54 000	60 890
Co	100	337 680	185 360	198 820	202 430	58 480	50 810	56 310
Ni	100	189 815	411 380	385 350	491 310	116 950	85 640	111 070
Mn	1	349 845.6	224 016.2	167 226.4	184 388.8	118 776.2	52 318.3	70 447.5
V	10	79 251.5	178 670	178 447	202 189	76 992	48 806	54 217
Cd	1 000	216 165	356 930	304 030	280 290	219 560	135 160	158 810
	Σ	2 881 335	3 779 831	3 130 496	3 272 995	1 748 294	758 670.8	1 197 993

表 6-4　岗讲矿区原生晕元素分带指数

元素	4 800 m	4 700 m	4 600 m	4 500 m	4 400 m	4 300 m	4 200 m
Cu	0.213	0.210	0.184	0.224	0.179	0.152	0.091
Pb	0.020	0.016	0.017	0.015	0.020	0.026	0.112
Zn	0.016	0.024	0.027	0.019	0.034	0.051	0.038
Ag	0.028	0.032	0.020	0.023	0.028	0.032	0.118
Mo	0.022	0.031	0.023	0.016	0.028	0.011	0.011
W	0.016	0.031	0.034	0.043	0.029	0.049	0.026
As	0.210	0.231	0.221	0.189	0.277	0.107	0.140
Sb	0.042	0.024	0.024	0.015	0.030	0.010	0.037
Bi	0.026	0.041	0.057	0.041	0.036	0.071	0.051
Co	0.117	0.049	0.064	0.062	0.033	0.067	0.047
Ni	0.066	0.109	0.123	0.150	0.067	0.113	0.093
Mn	0.121	0.059	0.053	0.056	0.068	0.069	0.059
V	0.275	0.047	0.057	0.061	0.044	0.064	0.045
Cd	0.075	0.094	0.097	0.086	0.126	0.178	0.133

在表 6-4 中出现了两个或多个元素位于同一中段位置的现象,需要采用变异系数及变异性梯度差进一步划分,划分准则为当分带指数位于剖面最上截面时,G 值大者排在相对较高位置;当分带指数位于中上部、中下部时,ΔG 值大者处于相对深部位置;当分带指数处于最低截面时,G 值越大,位置越深。因此可以得出:

(1) 4 800 m 中段:$G_{Cu1}=8.03$,$G_{Sb}=13.19$,$G_{Mn}=12.08$

$$\text{Sb-Mn-Cu1}$$

(2) 4 500 m 中段:$\Delta G_{Cu2}=-1.85$,$\Delta G_{Ni}=-0.31$

$$\text{Cu2-Ni}$$

(3) 4 300 m 中段:$G_{Bi}=8.03$,$G_{Zn}=10.07$,$G_{W}=7.07$,$G_{V}=5.90$,$G_{Cd}=8.25$

$$\text{V-W-Bi-Cd-Zn}$$

(4) 4 200 m 中段:$G_{Pb}=36.71$,$G_{Ag}=26.84$

$$\text{Ag-Pb}$$

综上所述,岗讲矿区从地表向下元素分带具体表现为:

$$\text{Sb-Mn-Cu1-Mo-Co-Cu2-Ni-As-V-W-Bi-Cd-Zn-Ag-Pb}$$

将岗讲矿区 12 号勘探线成矿成晕元素的垂向分带序列与 Benus 和 Grigorian(1977)总结的多金属矿床标准轴向分带序(W-Be-As-Sn1-U-Mo-Co-Ni-Bi-Cu1-Au-Sn2-Zn-Pb-Ag-Cd-Cu2-As2-Sb-Hg-Ba-Sr)进行对比分析,发现两者存在明显的差异,部分元素出现了明显的反向分带序列,可能暗示矿床的形成过程具有多期次多阶段重复叠加的特点,也预示着深部可能有新的盲矿体存在。如下几点值得注意:

(1) 主要成矿元素方面,由浅至深,具有上部 Cu1(氧化矿)、Mn、Mo,中部 Cu2(硫化矿)、W、Ni、As,下部 Zn、Ag、Pb 的分带特点。

(2) Cu 元素在轴向序列中有两个位置,一个出现在相对靠上位置,标高在 4 700 m 以上,表明 Cu 元素除了主要赋存于深部硫化物(如黄铜矿)中,还主要赋存于近地表氧化矿石中,如矿区内常见的孔雀石、蓝铜矿及少量辉铜矿等,并且具有较高的品位值。

(3) 部分元素出现反向分带,如 Sb 元素,岗讲矿体 Sb 元素分布较标准分带序列相对靠前,表明 Sb 可能多以氧化锑(Sb_2O_3)形式存在;Pb、Zn、Ag 分带较标准分带序列相对靠下,出现在矿体的下部,并且位于高温金属元素 W 之后,表明深部可能开始出现方铅矿化、闪锌矿化及银黝铜矿化。通过分析矿区 221 件组合样品元素组成,发现有 139 件样品中 Ag 含量高于 1 g/t,平均 4.53 g/t。

6.2.1.4 原生晕预测模型

基于元素分带指数值,依据前缘元素组合诸元素分带指数累乘值与尾晕元素组合诸元素分带指数累乘值之比,能够有效地构建深部矿体资源潜力定量评价模型。本次选取 $(Cu \times Mo \times Sb)_D/(Pb \times Zn \times Ag)_D$ 作为构建深部矿体定量评价模型的指标。可以发现,该指标由浅至深表现为快速下降:矿体头部(4 800 m 标高)为 1.3→矿体中部(4 500 m 标高)为 0.92→矿体下部(4 300 m 标高)为 -0.43→矿体尾部(42 00 m 标高)为 -1.13。该指标可以作为预测深部矿体资源潜力的有效指标(图 6-4)。

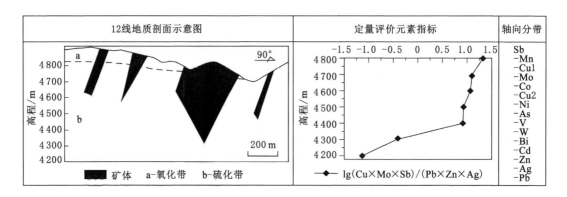

图 6-4　岗讲矿体原生晕轴向分带模式

6.2.2　元素水平分带特征

陈守余等[197]在岗讲北部多列曲路线、矿段中部路线以及南部的古清沟路线采集具有代表性矿化蚀变岩(矿)石样品共46件,矿化类型主要为孔雀石化、褐铁矿化,微量元素测试工作在广州澳实分析测试中心进行,分析项目包括 Cu、Pb、Zn、Ag、Mo、W、As、Sb、Bi、Co、Ni、Fe 和 Mn 共 13 种元素,各变量相关统计学参数列于表 6-5。

表 6-5　岗讲矿区地表成矿元素及微量元素组成

变量	最小值	最大值	均值	中值	上四分位	下四分位	标准偏差	变异系数
Cu	8	14 400	2 289.6	667.5	157	2 960	3 404.2	1.49
Pb	11	12 500	923.5	129	41	426	2 156	2.33
Zn	8	18 450	1 255	202	51	935	3 352.4	2.67
Ag	0.2	44	5.91	0.95	0.2	4.9	11.38	1.92
Mo	1	2 660	198.2	38.5	7	155	456.5	2.3
W	5	210	28.9	20	10	30	36.3	1.25
As	1	804	78.46	19.5	1	76	150.3	1.92
Sb	1	1330	121.3	25.5	5	150	255	2.1
Bi	1	74	8.41	3.5	2	7	15.1	1.79
Co	1	17	5.39	4	4	7	3.37	0.63
Ni	1	36	9.07	8	5	11	5.53	0.61
Fe	1	6	2.51	2.32	1.89	2.67	1.05	0.42
Mn	79	11 200	1 076.2	439.5	225	1 095	1 868.9	1.74

注:单位:Fe 为 $\times 10^{-2}$,其他为 $\times 10^{-6}$

可以看出,相较于12线钻孔地球化学数据,主要成矿元素在地表表现出较强的富集,具有较高的最大值及均值,Cu 含量最高可达2.2%,Mo 0.19%,Zn 0.12%,Ag 44 g/t,这说明了岗讲矿区地表次生淋滤作用对成矿元素的进一步迁移富集起到了至关重要的作用。但是地表主成矿元素的变异系数相对较大,均大于1,体现出地表不同部位矿化情况不一致,矿化不均匀。对于 Cu 而言，其在地表分布不均匀，但局部富集形成的氧化矿品位相对较高，深部分布比较均匀，但含量普遍较低。

分别对岗讲北部多列曲路线、中部路线、南部古清沟路线主成矿元素 Cu、Mo 进行统计，结果表明北部多列曲路线 Cu 平均含量为 0.10%，变异系数为 1.70，Mo 平均含量为 0.005%，变异系数为 0.80；中部路线 Cu 平均含量为 0.19%，变异系数为 1.49，Mo 平均含量为 0.003%，变异系数为 1.17；南部古清沟路线 Cu 平均含量为 0.33%，变异系数为 1.28，Mo 平均含量为 0.043%，变异系数为 1.53。结合三条路线的地球化学异常剖面图（图 6-5，图 6-6），可以看出，从南至北，Cu 含量逐渐增高，Mo 元素变化幅度较大，表现为北部及中部相对贫化，南部相对富集。总体上看，岗讲矿区 Cu、Mo 品位（EqCu 值）由北至南有递增的趋势。由于本次采集样品均为淋滤氧化蚀变岩（矿）石，所以这种规律仅能代表地表氧化矿品位变化，这与前文第 3 章通过统计钻孔数据得出的由北至南岗讲氧化矿种 Cu、Mo 品位均有上升趋势的结论相吻合。

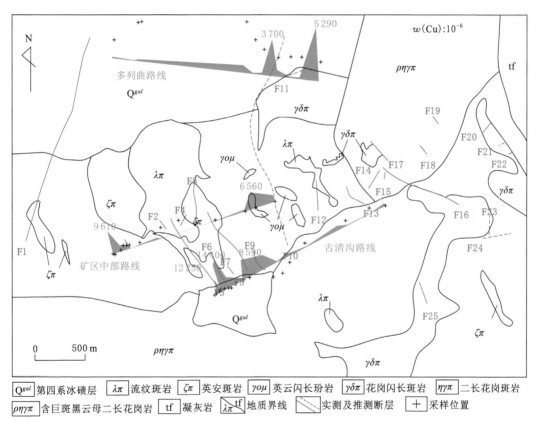

图 6-5　岗讲 Cu 元素地表地球化学联合剖面

中部路线穿切流纹斑岩、英安斑岩采集样品的 Cu、Mo 含量很低，进一步说明了这两种岩性基本无矿化或者微弱矿化，从 Cu、Mo 地表地球化学联合剖面（图 6-5，图 6-6）还可以看出，无论是北部、中部还是南部，Cu、Mo 元素含量峰值往往出现在断裂和岩体侵入接触带部位，这表明地表的高异常值与地表次生氧化淋滤富集作用密切相关。

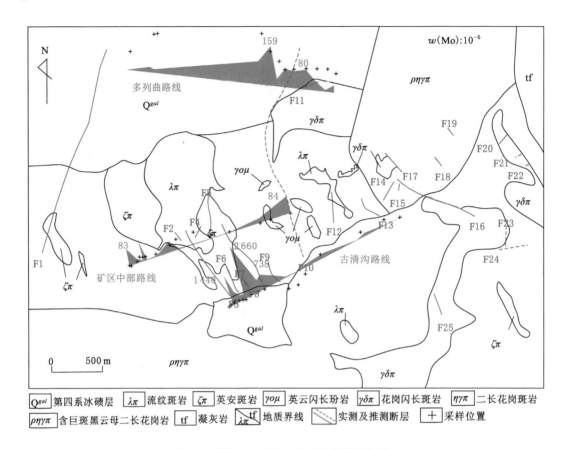

图 6-6　岗讲 Mo 元素地表地球化学联合剖面

通过对地表成矿元素及伴生元素变量进行 R 型聚类分析[图 6-7(a)]，成矿元素在地表及深部的组合较为一致，为与中酸性岩浆活动有关的主成矿元素组合 Cu-Mo-Ag-Zn-Pb-Sb。

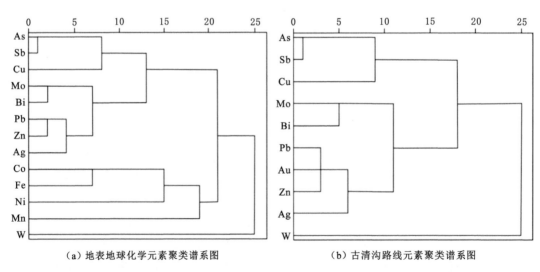

（a）地表地球化学元素聚类谱系图　　　　　（b）古清沟路线元素聚类谱系图

图 6-7　岗讲地表地球化学元素聚类谱系图、古清沟路线元素聚类谱系图

陈守余等[197]还对古清沟路线的部分样品进行了火试金的 Au 含量测试,见表 6-6,测试工作由广州澳实分析测试中心完成。可以看出,大部分样品中 Au 含量都大于 0.05 g/t,聚类分析结果[图 6-7(b)]显示 Au 元素与其他成矿元素具有较好的亲缘性,因此,Au 可以作为岗讲的伴生矿产资源。

表 6-6　岗讲古清沟地表路线地球化学含量表　　　　　单位:×10⁻⁶

野外编号	Cu	Pb	Zn	Ag	Mo	W	As	Sb	Bi	Au
gjp-03	5 860	12 500	18 450	44.3	1 440	20	179	408	74	0.144
gjp-04	1 460	426	837	4.3	549	30	76	133	5	0.019
gjp-05	12 250	4 620	13 650	33.2	304	10	804	1 330	16	0.096
gjp-06	14 400	370	942	5.6	236	60	178	158	37	0.006
gjp-07	4 720	1 740	288	10.4	704	30	33	73	23	0.065
gjp-08	2 960	4 990	693	40.2	2 660	20	57	150	68	0.047
gjp-09	897	323	1 330	2.3	546	10	36	88	4	0.009
gjp-10	8 590	3 020	3 300	42.4	738	30	563	1 070	19	0.065
gjp-11	5 970	379	1 340	4.9	45	30	192	326	4	0.050

注:测试单位为广州澳实分析测试中心(2012.08);测试方法为等离子质谱法。

6.3　控矿因素

基于前人对岗讲铜钼矿床的研究,结合野外考察及室内分析,总结前文关于含矿斑岩体、构造、矿体特征等研究,认为岗讲铜钼矿床主要控矿要素有以下几种。

(1)区域控矿因素

岗讲铜钼矿床位于冈底斯成矿带中段,晚古生代以来,冈底斯成矿带先后经历了特提斯洋扩张、板块俯冲和碰撞造山的构造演化,并伴随着多期次的火山-岩浆侵入活动。印度-亚洲大陆碰撞后伸展阶段,随着冈底斯地壳的快速隆升和剥蚀,深部岩浆房减压破裂,钾质钙碱性含矿岩浆沿一系列近南北向的张性正断裂侵位于花岗岩基中,形成斑岩铜钼矿床。频繁的火山、岩浆侵入活动与构造运动造就区内多期次成矿作用的叠加,为矿区斑岩铜钼矿床的形成提供了十分有利的大陆动力学环境。

(2)岩浆岩控矿

矿区广泛发育的复式岩体为成矿提供主要的成矿物质来源与驱动力。喜山期中新世中酸性小岩体与矿化息息相关,这些小岩体具有规模小、侵入较浅、酸度中等或略高、富钾等特点,属于高钾-钙碱性系列,并显示与埃达克质岩相似的地球化学特征,是矿区以铜为主的多金属矿床最重要的成矿母岩。二长花岗斑岩是矿区最主要的赋矿岩石,英云闪长玢岩和花岗闪长斑岩次之,表现在:① 在平面地质图上,岗讲矿区 Cu-Ⅰ号矿体呈环状产于二长花岗斑岩体中,环形核部英安斑岩和流纹斑岩基本无矿体分布;② Cu、Mo、Ag 等主成矿元素在二长花岗斑岩中具有较高的含量,尤其是 Cu 元素,高于中国花岗岩 Cu 含量平均值数十倍,英云闪长玢岩和花岗闪长斑岩中 Cu 含量较低,甚至出现负异常,可能反映岩浆分异过程中元素发生活化迁移作用;③ 蚀变二长花岗斑岩特别是在钾-硅化带和黄铁绢英云化带内具有较高的含矿性,黄铁矿、黄铜矿化普遍发育;④ 矿化多呈含硫化物石英脉或网脉、石英硫化物细脉或网脉状产于二长花岗斑岩体中,这些网脉群构成的矿体,矿石品位很大程度上取决于脉体的发育密切。根据多个露头及钻孔观察,矿化对岩石的粒度、黑云母的含量似无选择性。

（3）构造控矿

矿区广泛发育的构造为成矿提供重要的通道和储矿空间。由第 2 章区域断裂构造遥感解译可知,影响岗讲矿区的区域性断裂主要有:东部有一条近南北向的断裂,南部有一条北西向的断裂,北部有经过冲江的近东西向断裂,北西侧有一条过多列曲的北东向断裂。岗讲矿区位于这 4 条区域性断裂构造围成的四边形中(图 6-8)。在近南北向挤压环境下,近东西向断层活动性质为逆冲(产状较缓时为推覆),不太可能形成产状较陡的近东西向次生断裂,而最有可能形成近南北向张性或斜向的剪性次生断裂。北东、北西和近南北向断裂的力学性质为剪性或张性,在活动中较可能产生与之近乎平行的次级断裂。因此,岗讲东段主要发育近南北向的控矿构造和成矿后构造,岗讲南、西段主要发育北西向控矿构造和成矿后构造,而岗讲北段比较复杂,可能性较大的是出现近南北向或北东向控矿构造和成矿后构造。

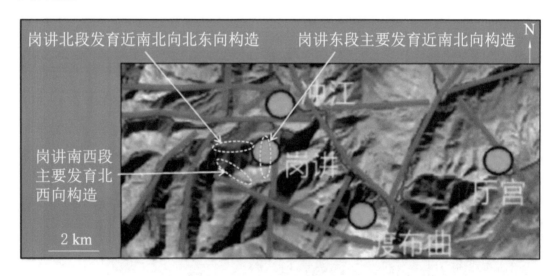

图 6-8　岗讲矿区区域性断裂构造环境

岗讲矿床最直接、最基本的控矿构造,是被含硫化物石英脉或石英硫化物细脉填充的小断裂、小裂隙构造。这些构造多形成于含巨斑黑云母二长花岗岩、二长花岗斑岩、花岗闪长斑岩等岩体侵入凝固之后,闪长玢岩及其他浅成岩体或岩脉侵入之前。伴随着含硫化物热液活动,这些小裂隙起到运、导、容矿的作用,属于成矿前或成矿期构造,力学性质属于剪节理或规模较小的剪性断层。

6.4 围岩蚀变

6.4.1 围岩蚀变及分带

岗讲矿区围岩蚀变较为发育,以钾化、硅化、绢云母化、黄铁矿化为主,此外还发育有泥化和青磐岩化等。围岩蚀变表现出一定的分带性,依据矿物组合及各蚀变带空间分布特征,时代上由早到晚、空间上由内而外、由下而上,大体可以划分为钾-硅化带→黄铁绢英岩化带→泥化带→青磐岩化带(图6-9),晚期蚀变可以叠加到早期蚀变带上,并显示出与典型斑岩型铜矿相似的蚀变分带特征。

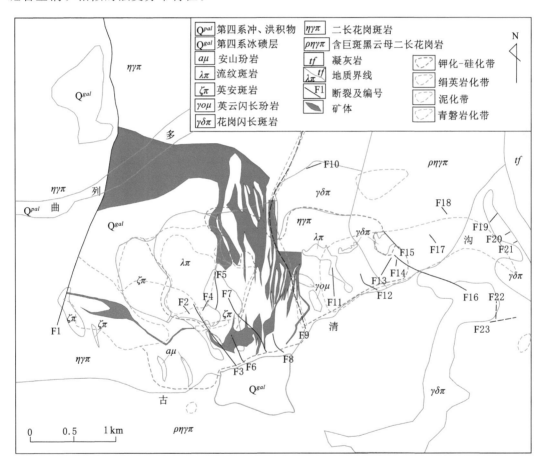

图 6-9 岗讲矿区围岩蚀变分带

（1）钾-硅化带

钾-硅化带广泛分布于岗讲矿区中部,钾化主要表现为钾长石和黑云母晶体的次生加大,从而导致自形程度变差,与其他晶体接触界线变得模糊不清,部分钾长石和黑云母晶体呈现出巨斑状,钾长石巨斑晶中有时会包含后期较小的黑云母晶体。多以浅肉红色钾长石脉产于各类岩石中,其中在二长花岗斑岩中最为常见(图版Ⅴ-5)。黄铜矿化、黄铁矿化和辉钼矿化等与钾化蚀变关系密切。

硅化主要以石英脉、石英细脉的形式出现,主要发育于断层破碎带(角砾岩)和岩石裂隙中。硅化与辉钼矿化关系密切,辉钼矿主要以石英-辉钼矿脉产于二长花岗斑岩体的裂隙面上(图版Ⅴ-6),并伴随有黄铜矿化、黄铁矿化、孔雀石化和褐铁矿化等。

(2)黄铁绢英岩化带

黄铁绢英岩化带多见于岗讲矿区中部二长花岗斑岩顶部的流纹斑岩中,主要以星点状黄铜矿化、粉末状绢云母化和细石英脉形式出现,长石常被交代形成绢云母(图版Ⅴ-7)。在岩石风化、剥蚀强烈地段,常见残余的星点状黄铁矿及其氧化而成的褐铁矿斑点,若岩石表面褐铁矿染强烈,可以形成"火烧皮"(图版Ⅴ-8),可以作为该区最直接的地表找矿标志之一。泥化蚀变往往叠加于黄铁绢英岩化蚀变,部分黏土矿物被褐铁矿染后显现出黄褐色至浅黄色。黄铁绢英岩化带多分布于钾-硅化带上部,从而构成矿体主要的"盖层"(硅帽)。

(3)泥化带

多见于断裂破碎带附近,是在构造活动、地表水渗透、风化作用等共同作用下形成的,古清沟西侧北岸的引爆角砾岩中也分布有泥化蚀变,系气液作用所致。

(4)青磐岩化带

青磐岩化带主要发育于离二长花岗斑岩矿化体较远的含巨斑黑云母二长花岗岩基以及花岗闪长斑岩的裂隙面上,主要呈暗绿色薄膜状产出。局部地段出现有黄铜矿细脉,钾-硅化蚀变带偶见青磐岩化蚀变。

6.4.2 蚀变与矿化关系

(1)钾-硅化蚀变:主要的含铜矿物以黄铜矿、孔雀石为主,少量蓝铜矿和斑铜矿,多以浸染状、星点状、细脉状产出于含矿斑岩体中;辉钼矿是主要的含钼矿物,呈细脉状、薄膜状产出于岩石裂隙面上,以石英-辉钼矿脉为主。

(2)黄铁矿-石英-绢云母化蚀变:主要形成的金属矿物组合有黄铁矿和褐铁矿,其中黄铁矿多呈星点状产出,褐铁矿以薄膜状产出为主。在褐铁矿化强烈地表地段,常可见"火烧皮"现象,为该地区地表最直接、最重要的找矿标志之一。

(3)泥化蚀变:往往叠加分布于早期的钾-硅化蚀变带及黄铁绢英岩化蚀变带中,矿化强度总体偏弱。

(4)青磐岩化蚀变:基本无矿化,偶见星点状黄铁矿、黄铜矿产出。

从矿化与蚀变矿物组合及矿体与蚀变带空间分布关系来看,钾-硅化蚀变时期是岗讲矿区最重要的成矿阶段,稍晚的黄铁绢英岩化蚀变次之。

6.5 成矿阶段

依据脉体相互穿插关系、矿物组合特征及生成顺序等,可以将岗讲矿床成矿期次划分为3个阶段,分别为岩浆期、热液期和表生期,分述如下:

(1)岩浆期

该期矿化主要表现为含矿二长花岗斑岩岩浆沿构造有利位置呈岩株状就位于早期含

巨斑二长花岗岩基中,致使接触带附近含巨斑二长花岗岩发生钾化蚀变,原生的钾长石斑晶次生加大,常见次生加大钾长石巨斑晶包裹黑云母、角闪石晶体;同时含巨斑二长花岗岩基并没有形成一个封闭的岩浆房,少量含矿岩浆逃逸到围岩构造薄弱部位,在接触带附近局部位置零星发育有细脉状、小团块状铜钼矿化。

该期矿化规模较大,二长花岗斑岩表现为全岩矿化,矿化作用形成的矿物以稀疏浸染状和星点状黄铜矿、黄铁矿为主,极少产生辉钼矿,其零星分布于基质中。该期矿化强度普遍偏低,铜品位介于 0.05%～0.20%,钼品位一般为 0.001% 左右。

（2）热液期

热液期又可称为后期花岗闪长斑岩、英云闪长玢岩岩脉侵入期,结合锆石 U-Pb 测年及辉钼矿 Re-Os 测试结果,时代限定为 16.1～13.4 Ma。该期矿化本质上是对第一期形成的含量较低的铜钼主成矿元素"二次富集"的过程,随着花岗闪长斑岩、英云闪长玢岩等大量岩脉的侵入,早期形成完整的矿（化）体形态遭到破坏（切割）,但同时早期的含矿岩体、矿（化）体中的成矿物质也随之发生活化迁移,铜钼品位也大幅提高。该期矿化作用使得脉体两侧接触带附近二长花岗斑岩富集形成工业矿体,少量脉体在侵入过程中将围岩中的铜钼矿质带出,局部地段其本身即为矿（化）体。

该期岩浆侵入活动明显受控于区内近南北向和北东向断裂,铜钼矿化与脉体的岩性、规模和分布特征具有一定的规律性,具体表现在:① 花岗闪长斑岩和英云闪长玢岩与该期矿化作用关系最为密切,其中英云闪长玢岩对早期矿化的"二次富集"作用和自身含矿性较花岗闪长斑岩更强;② 宽度小于 20 m 的脉体一般自身具有铜钼矿化,而宽度大于 20 m 的脉体自身则不具有矿化或弱矿化,一般仅在岩脉外侧接触带"二次富集"形成高品位铜钼矿体;③ 从脉体的就位深度看,距离地表向下 0～150 m 内的脉体自身含矿性要明显高于 150 m 以深的脉体,这说明岩脉在侵入过程中是将深部的铜钼矿质一直带到近地表才冷却结晶的;④ 不同勘查线上钻孔资料显示,矿区中部 0～30 号勘探线钻孔内岩脉自身基本都含矿,0 号勘探线以南钻孔内脉体基本都比较"干净",不含矿,30 号勘探线以北钻孔内大部分脉体不含矿,少量规模较小的脉体含矿,这说明岗讲矿区二长花岗斑岩矿化中心位于 0～30 号勘探线之间部位。

早期矿化二长花岗斑岩在该期矿化作用过程中主要发育有钾化和硅化蚀变。① 钾化:主要表现为钾长石斑岩的重新晶出、次生加大,可见钾长石细脉甚至蚀变形成晶体边缘呈浑圆状的黑云母。铜矿化往往与钾化关系密切,黄铜矿一般呈浸染状、星点状与黑云母伴生产出。② 硅化:主要表现为长英类基质重结晶形成石英脉、石英颗粒次生加大（有些长英类岩石变质形成石英岩）。钼矿化往往与硅化关系密切,辉钼矿一般呈细脉状、网脉状、团块状产出于硅化脉中。统计资料表明,当钾化和硅化相互叠加时对矿化最为有利。

该期矿化作用是区内硫化矿最主要的形成期,以浸染状、细脉状、网脉状、团块状黄铜矿、辉钼矿为主,少量斑铜矿。铜品位介于 0.2%～0.4%,钼品位介于 0.01%～0.1%,较岩浆期品位明显提高。

（3）表生期

表生期又称次生氧化富集期,在长期的物理化学条件作用下,前两期形成的矿（化）体发生次生淋滤、氧化、剥蚀、富集。氧化富集形式主要有两种,分别为原地附近的垂向氧化富集和远离原地的侧向氧化富集,前者深部一般有原生硫化矿体,后者则不然。该期矿化与区内北西向次级小断裂和岩石节理裂隙关系密切,一般情况下铜矿化强度与小断裂、节理发育程度(裂隙率)呈正相关关系。

该期矿化以薄膜状孔雀石化为主(重要的野外找矿标志),次为蓝铜矿化,对铜元素富集作用显著,在矿区南部近地表分布有近 60 m 厚度的富铜氧化矿体,铜平均品位 0.71%,钼平均品位 0.01%。11~15 号勘探线控制的富铜矿体深部经钻孔验证并未见硫化矿,推测该富铜氧化矿带是远离原地的侧向表生富集成矿作用形成的。

岩浆期、热液期及表生期岗讲矿床主要矿物生成序列列于表 6-7。

表 6-7 岗讲矿床主要矿物生成序列

矿物	成矿阶段		
	岩浆期	热液期	表生期
黄铁矿	▬▬▬	▬▬▬	
黄铜矿	▬▬▬	▬▬▬	
辉钼矿	▬▬	▬▬▬	
斑铜矿		▬▬▬	
闪锌矿		▬▬▬	
赤铁矿	▬▬	▬▬	
辉铜矿			▬▬
褐铁矿			▬▬▬
蓝铜矿			▬▬▬
孔雀石			▬▬▬

6.6 成矿机理探讨

通过对岗讲矿区的综合研究,认为岗讲铜钼矿床的形成机制如下:

(1)矿区铜钼矿化与中新世二长花岗斑岩、英云闪长玢岩和花岗闪长斑岩的多期次侵入活动息息相关,对比经典斑岩型矿床理论,具备典型的蚀变分带和矿化特征,结合前人研究,可以判定岗讲矿床类型应属于斑岩型铜钼矿床。矿体主要赋存于二长花岗斑岩体内部或者与围岩的接触带部位,伴随有钾化、硅化、绢云母化,黄铜矿主要以细脉浸染状产于斑岩体中,辉钼矿主要以辉钼矿-石英脉形式产出于斑岩体中,或者产出于岩体裂隙面上。

(2)通过对含辉钼矿石英脉样品进行的辉钼矿 Re-Os 同位素测试结果表明,岗讲铜钼矿床的形成时间为~13.4 Ma,成矿时代为中新世。对比矿区内主要侵入岩体成岩年龄16.6~14.4 Ma,成矿时代略晚于成岩时代,成岩成矿事件是一个连续的岩浆作用过程。

(3)前人关于岗讲铜钼矿床成矿物质来源的研究报道较少,周维德等[230]对相邻白容矿区 5 件黄铁矿硫同位素组成测试表明,δ^{34}S 值变化范围较窄(-0.21‰~0.40‰),平均0.15‰,接近于 0。曲晓明等[229]对冈底斯成矿带上甲玛、拉抗俄、南木、厅宫、冲江、洞嘎六个矿床硫化物中硫同位素组成研究结果亦表明 $\delta^{34}S$ 值($-3.8‰\sim1.3‰$,平均$-0.75‰$)变化幅度小,均值趋于 0。由此推测岗讲矿床可能具有和冈底斯带其他斑岩型矿床相似的硫同位素组成特征,矿床硫化物中的硫主要来自深部岩浆。此外,六个矿床硫化物具有一致的铅同位素特征,$^{206}Pb/^{204}Pb$、$^{207}Pb/^{204}Pb$、$^{208}Pb/^{204}Pb$ 值依次为 $18.106\sim18.752$、$15.501\sim15.638$、$37.394\sim39.058$,显示造山带铅同位素特征,表明冈底斯斑岩铜矿带物质来源具有壳幔混合特点,含矿斑岩主要来源于青藏高原原加厚下地壳的部分熔融,同时有部分地幔物质的加入。这与前文叙及的岗讲矿床辉钼矿中 Re 含量(均值 162.9 $\mu g/g$)显示的成矿物质中有幔源成分加入观点一致。

综上所述,岗讲矿床成矿过程概念模式如图 6-10 所示。岗讲铜钼矿床形成于中新世印度-亚洲大陆碰撞造山的后碰撞伸展构造环境,$16\sim14$ Ma 前后冈底斯带短暂的应力松弛和强烈的东西向伸展形成一系列近南北向的张性裂谷、正断层系统,岗讲矿区开始大规模岩浆侵入活动,钾质钙碱性酸性岩浆沿正断层上侵就位,并充分结晶分异。富含 Cu、Mo 有益组分的二长花岗斑岩侵位于早期含巨斑黑云母二长花岗岩体中,结晶分异后形成浸染状铜矿化体,辉钼矿化较弱。岩浆上侵过程中,随着温度、压力的降低,岩体发生冷凝收缩,加之后期构造作用,从而形成岩体内部大量的微裂隙,为岩浆期后含矿热液的贯入和有用组分的沉淀提供有利的空间条件。晚期含矿热液沿着岩体冷凝收缩和构造作用形成的微裂隙贯入,产生的钾-硅化、绢云母化、黏土化蚀变将流体中的 Cu、Mo 等成矿元素沉积于岩体边部及其附近的裂隙中,聚集成细脉状矿化,并叠加于早期形成的浸染状矿化之上,经历两次成矿活动,最终形成细脉-浸染状铜钼矿体。铜钼矿化与钾-硅化、绢英岩化关系密切,钾-硅

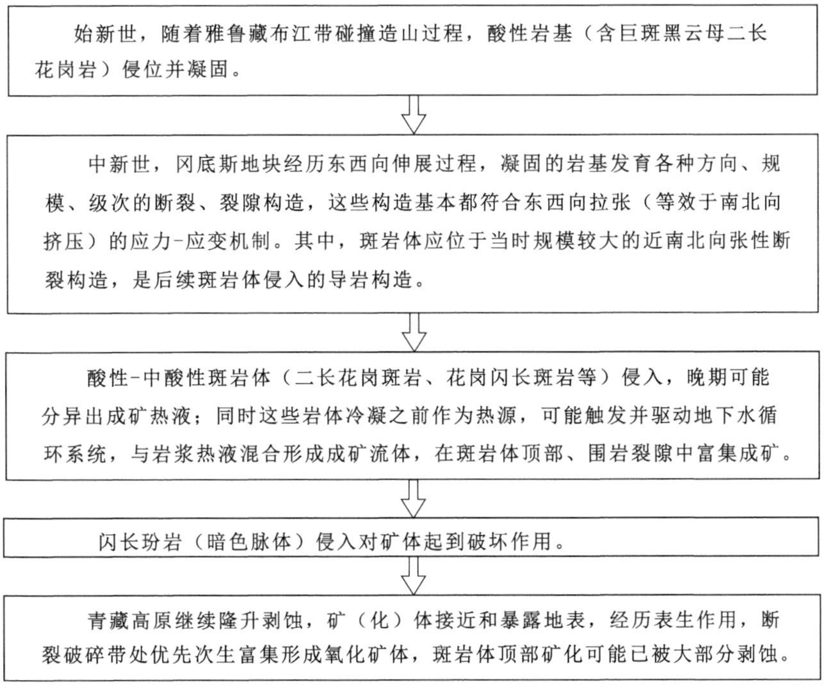

始新世,随着雅鲁藏布江带碰撞造山过程,酸性岩基(含巨斑黑云母二长花岗岩)侵位并凝固。

中新世,冈底斯地块经历东西向伸展过程,凝固的岩基发育各种方向、规模、级次的断裂、裂隙构造,这些构造基本都符合东西向拉张(等效于南北向挤压)的应力-应变机制。其中,斑岩体应位于当时规模较大的近南北向张性断裂构造,是后续斑岩体侵入的导岩构造。

酸性-中酸性斑岩体(二长花岗斑岩、花岗闪长斑岩等)侵入,晚期可能分异出成矿热液;同时这些岩体冷凝之前作为热源,可能触发并驱动地下水循环系统,与岩浆热液混合形成成矿流体,在斑岩体顶部、围岩裂隙中富集成矿。

闪长玢岩(暗色脉体)侵入对矿体起到破坏作用。

青藏高原继续隆升剥蚀,矿(化)体接近和暴露地表,经历表生作用,断裂破碎带处优先次生富集形成氧化矿体,斑岩体顶部矿化可能已被大部分剥蚀。

图 6-10 岗讲矿床成矿过程概念模式

化阶段形成石英-钾长石-硫化物网脉,钾-硅化晚期形成石英-硫化物网脉,绢英岩化阶段形成石英-绢云母-硫化物网脉。因此,岗讲矿床铜钼矿化与中新世两期含矿热液活动息息相关,含矿热液沿岩体裂隙叠加贯入,多期次结晶分异最终才形成品位较高的细脉-浸染状铜钼矿体。

6.7 岗讲与白容、驱龙、厅宫矿床对比研究

6.7.1 岗讲、白容矿床对比研究

分别从岩体特征、断裂构造、矿化特征三个方面对岗讲、白容矿区含矿斑岩的剥蚀程度进行研究,认为岗讲矿区为中等剥蚀、白容矿区为中等-深度剥蚀。

(1)岩体特征依据

岗讲矿区含矿二长花岗斑岩呈"环状"产出,厚度稳定,延伸较远,面积约 6 km^2,核部出露有 1.4 km^2 左右的流纹斑岩、英安斑岩。二长花岗斑岩多呈斑状-似斑状,具有强钾化、中等硅化。白容矿区脉岩活动强烈,后期花岗闪长斑岩、英云闪长玢岩等脉体普遍发育,而与成矿相关的二长花岗斑岩分布却较少,钻孔中见到的二长花岗斑岩常具有厚度较小、分布零散等特征,多以"脉体"形式出现。因此,岗讲矿区含矿斑岩的剥蚀程度较浅,白容则较深。

(2)断裂构造依据

近东西向的多列曲断裂、冲江-麻达断裂(F5 断裂)力学性质均为逆冲断层,倾向北北东,并显示多期次构造活动特征。近南北向的 F1-F16 断裂力学性质为逆断层,向西倾斜,为成矿期后断裂,破坏含矿斑岩的完整性。从白容-岗讲地质剖面(图 6-11)中可以看出,岗讲矿区位于冲江-麻达断裂、多列曲断裂和 F1-F16 断裂的下盘,处在相对"滑落"的空间位置,有利于矿(化)体的保存,含矿斑岩体的剥蚀程度较小。

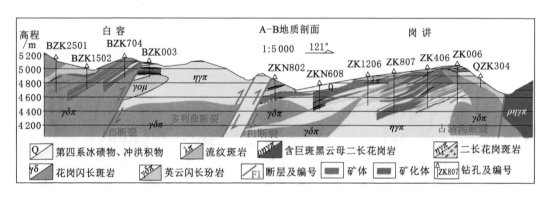

图 6-11 岗讲-白容 A-B 地质剖面图(剖面位置见图 3-12)

白容矿区位于上述三条断裂的上盘,处于相对"抬升"部位,导致含矿斑岩体对比岗讲矿区处于较高的空间位置,遭受的剥蚀程度相对较大。这一结论在钻孔中也可以得到验证,ZKN1208 和 ZKN1601 钻孔处于 F1-F16 断裂旁侧上盘(西盘),基本未见矿化,ZKN802 钻孔处于 F1-F16 断裂旁侧下盘(东盘),见含矿二长花岗斑岩,说明 F1-F16 断裂西盘剥蚀程度较东盘要深。

（3）矿化特征依据

岗讲矿区已经探明的铜资源量以原生硫化矿为主，以浸染状、细脉脉、网脉状黄铁矿化和石英-辉钼矿脉形式产出于二长花岗斑岩体中，矿体规模大、倾向延伸稳定。氧化矿表现为浸染状、薄膜状孔雀石化，并显示出原地氧化特征，表明矿体保存较完整，遭受的剥蚀程度较浅。

白容矿区已经探明的铜资源量绝大部分为氧化矿，原生的硫化矿极少。氧化矿在二长花岗斑岩、花岗闪长斑岩和英安斑岩中均有发现，矿化规模小且极不均匀，多以星点状、薄膜状孔雀石产于各岩体节理裂隙面上，偶见浸染状孔雀石化，表明成矿物质是从上部硫化体中带出，经氧化淋滤作用后迁移至寄主岩石中富集而成。硫化矿多呈石英-辉钼矿-黄铜矿单脉形式产于花岗闪长斑岩中，二长花岗斑岩次之，钻孔中见到钙质脉和硬石膏，暗示可能处于主矿化体的边缘位置，剥蚀程度较高。

6.7.2　岗讲、驱龙矿床对比研究

驱龙铜矿是冈底斯带上规模最大的斑岩型铜矿，Cu 金属量约 1 000 万 t，品位亦较高，为 0.4%~0.5%；而岗讲矿床规模相对较小，Cu 金属量约 100 万 t，品位较低，约 0.3%。岗讲和驱龙矿床同处冈底斯成矿带，二者相距不到 200 km，具有相似的成矿动力学背景，就中新世主成矿期而言，为何两者规模及品位具有如此差异呢？

（1）控矿构造性质

驱龙矿床受叶巴组地层形成的压性褶皱构造（背斜）控制，矿床处在相对挤压的环境之下，岩浆具有充足的时间结晶分异产生大量含矿流体，流体亦有充足的时间从岩浆中萃取更多的含矿物质并发生矿化；而岗讲矿床是由一系列近东西向逆冲推覆构造和近南北、北北东、北北西、北东向的高角度正断层（力学性质为张性）联合控制，大量发育的张性构造一方面导致含矿流体上升至岩体顶部时发生逃逸，另一方面为外来流体的加入提供通道，使早期流体发生混染而质量下降。同时，大量的张性断裂等效于相对开放的环境，岩浆及流体的温度快速下降，这种降温可能延伸至下部岩浆房，导致岩浆-热液系统缺少一个持久的"动力机"，流体很难再从岩浆中萃取足够的成矿物质。

研究表明[244]，挤压环境较伸展环境下更有利于形成超大型斑岩型矿床，主要有以下几点依据：对比伸展环境，挤压环境下可以形成规模更大的浅部岩浆房；挤压环境形成的浅部岩浆房更难喷发，促进岩浆房的结晶分异、挥发分的饱和以及大规模岩浆热液的形成；挤压环境可以有效阻止岩浆穿过上地壳而形成火山岩；挤压环境一般很少发育高角度的张性断裂，有效限制了岩浆房顶部形成的岩枝或岩株的数量，进而有利于岩浆热液向单个岩株或岩枝聚集发生矿化；挤压环境下地壳的快速抬升与剥蚀产生的突然减压作用可以有效促进岩浆热液的出溶与运移。总之，挤压环境下的地壳增厚、地面隆升、快速剥蚀等与超大型、高品位深成斑岩型铜矿之间存在一定的经验性关系。

（2）剥蚀深度

斑岩系统上部的盖层对于矿床的封存具有十分重要的意义。驱龙铜矿的顶部及外围分布广泛的中生代叶巴组火山岩地层，且外围大量发育有矽卡岩型矿床，反映其剥蚀程度较浅；而岗讲矿区火山岩地层严重缺失，仅在矿区东北角落分布有小面积的新生代典中组

火山岩,且厚度很薄,说明矿区剥蚀程度较深。

（3）盖层性质

斑岩系统上部的盖层性质对于矿床规模、品位的影响同样不容忽视。驱龙矿床上部盖层为板岩、页岩、千枚岩等低渗透率岩性为主的叶巴组地层单元,而岗讲矿床是以火山碎屑岩为主的高渗透率林子宗火山岩单元（现已剥蚀）。低渗透率的盖层有利于岩浆流体保持合适的温度、压力,延长流体的作用时间,提高迁移金属物质的效率[245]。

6.7.3　岗讲、厅宫矿床对比研究

同处尼木矿集区内,相距约6～8 km的岗讲和厅宫矿床具有很多相似之处,比如构造系统、岩浆系统、热液蚀变及矿化等。但相距如此之近的两个矿床品位却表现出较大差异,岗讲矿床品位:氧化矿约0.44%,硫化矿约0.25%;厅宫矿床品位:氧化矿1.36%,硫化矿0.30%。两者的差异推断是成矿期有利构造叠加导致的,成矿期有利构造叠加对于该地区矿化富集起着十分关键的作用。区域东西向压扭性构造（以冲江-麻达断裂和帕古-热堆韧性剪切带为代表）,是岗讲和厅宫矿床主要的控岩控矿构造,矿区近南北向、北东向构造与区域东西向构造交汇处一般是成矿有利部位。岗讲的F1断裂和厅宫的彭岗断裂是各自矿区规模最大的近南北向断裂,但两组断裂与成矿关系却截然不同。在活动时间方面,厅宫的彭岗断裂在热液期就已开始活动,为含矿热液的上侵贯入提供通道;而岗讲的F1断裂为成矿期后断裂,对已形成矿体的完整性起到破坏作用,对热液期矿化作用贡献不大。在断裂规模方面,厅宫的彭岗断裂长约18 km,破碎带宽约30 m,而岗讲的F1断裂长约4 km,破碎带宽度不详,规模大的厅宫彭岗断裂可以派生出更多的次级构造,为下一阶段表生期矿化作用创造更加有利的空间条件。正是由于厅宫矿区岩石裂隙、节理十分发育,才造就了厅宫矿床氧化矿甚是发育,且品位较高。

总之,岗讲矿床品位较厅宫偏低,一个重要的原因就是岗讲矿区缺少热液期阶段大规模的断裂构造对岩浆期矿化进行二次叠加的过程,同时规模大的成矿期构造可以派生出多组次生构造,为表生期氧化淋滤作用提供空间。

6.7.4　对冈底斯斑岩铜矿下一步勘查的启示

由图2-10显示,能代表上地壳伸展的各种地质现象——发育中新世钾质-超钾质火山岩和大量发育的南北向正断层等,主要分布于东经90°以西,而在东经90°以东地区却很少出现,表明冈底斯西段上地壳在斑岩铜矿形成时处于相对伸展的环境,而东段则处于相对挤压的环境。岗讲和驱龙矿床的对比研究表明,冈底斯带上相对挤压的环境更有利于形成超大型矿床。该认识很好解释了为何冈底斯带靠东位置产出的驱龙、甲玛、邦铺矿床规模大、品位高,而冈底斯带相对靠西位置的厅宫、冲江、岗讲、朱诺等矿床规模小、品位低。如该认识正确,那么下一步应加大冈底斯东段处于相对挤压构造背景下矿点的勘查力度,如夏马日矿点。

岗讲和厅宫矿床的对比研究表明,成矿期断裂构造的叠加对于形成较富矿体至关重要,这也很好解释了地理位置毗邻、成矿条件相似的岗讲、厅宫矿床品位却表现出较大差异的原因。在冈底斯成矿带上应注重寻找东西向控岩控矿构造与大规模近南北向、北东向成矿期断裂构造交汇的部位,因为该位置具有形成规模大、品位高矿床的潜力。

7 岗讲矿区及外围找矿预测

7.1 找矿标志

7.1.1 地质找矿标志

（1）矿化露头及氧化标志

矿化露头是区内直接找矿标志，由于受自然地理、气候条件影响，区内斑岩铜矿化露头多已被氧化，在地表可见次生铜矿物孔雀石、蓝铜矿等。矿化露头大小反映矿化规模大小，有时受表生淋滤作用影响，浅表部位已看不到次生铜矿化，但因铁质在地表相对富集，形成富含褐铁矿的褐黑色"火烧皮"，亦可作为直接找矿标志。钾硅化＋泥化＋孔雀石化是矿体地表露头的主要特征。

（2）赋矿岩体及矿化部位标志

区内矿体的产出与二长花岗斑岩体密切相关，矿体附近或者内部往往穿插有后期英云闪长玢岩、花岗闪长斑岩和安山玢岩脉等，矿体的形成与岩浆多期次侵入、叠加成矿作用息息相关。二长花岗斑岩中 Cu、Mo、Ag 背景值较高，其岩石地球化学特征表现为富硅、低镁钙、富碱、弱过铝质，显示埃达克质岩亲和性。

成矿岩体的形态产状是控制矿化富集部位的重要因素，矿化主要富集于含矿斑岩体内部，特别是上部，其边部亦具有不同程度的矿化。

（3）构造标志

断裂及其交汇部位矿化明显富集，这与断裂多期次活动的热液叠加、改造富集作用有关。节理、裂隙发育程度与矿化富集关系密切，裂隙率越高，破碎岩越发育，矿化规模越大。

（4）蚀变标志

蚀变是矿化富集程度及部位的重要标志，一般是蚀变范围越大，分带性越好，矿床规模越大。岗讲矿区矿体主要出现于钾-硅化带和黄铁绢英岩化带中，另外，多种蚀变的叠加部位矿化往往较强。

7.1.2 地球化学标志

岗讲铜钼矿地球化学在垂向上具有分带特征，构建的上部铜（氧化矿）锰钼、中部铜（硫化矿）钨镍砷、下部锌银铅分带模式是重要的地球化学找矿标志；铜、钼、金、银、铅、锌等元素组合化探异常规模大、强度高、套合好也是重要的找矿标志之一，铜单元素化探异常值大于 300×10^{-6} 的部位往往是矿体分布位置；获得的地表包括铜、钼、金元素的原生晕数值，其单元素异常及元素组合异常可以作为有利的找矿标志;铜、钼的品位数值在空间上的变化趋势规律亦可作为重要的地球化学标志。

7.1.3 地球物理标志

在地面磁测中表现出高的磁异常,在激电扫面和激电剖面测深中表现出中-高激电异常和低视电阻率异常,在 EH-4 剖面测量中表现出低的视电阻率异常。四川省冶金地质勘查院曾在岗讲矿区及外围开展了 1:1 万高精度磁测和 1:1 万激电扫面和剖面测深工作,笔者随项目组成员在矿区及外围开展了 EH-4 剖面测量和高精度磁测剖面工作,其研究成果为岗讲矿区及外围找矿提供了有利的物探找矿标志。

7.2 预测准则

大地构造方面,该类型矿床处于冈底斯成矿带中段,形成于印度-亚洲大陆碰撞后伸展的构造背景,近东西向压性以及近南北向张性构造控制着斑岩型矿床的产出。构造方面,岗讲矿区及其外围地区矿床的产出由帕古-热堆韧性剪切带和麻达-冲江断裂组成的东西向断裂带与近南北、北东、北西向断裂联合控制,且节理裂隙的发育程度与矿化强度密切相关,两者呈正相关性。岩浆岩方面,矿区内斑岩型矿床的形成与喜山期中酸性小岩体,尤其是二长花岗斑岩体关系密切。这些岩体具有酸度中等、富碱、规模小、侵入浅等特点,是以铜为主的多金属矿的成矿母岩,也是矿床形成的基本因素,含矿斑岩地球化学指标为 $SiO_2>65\%$、$Al_2O_3>15\%$、$MgO<1.5$,米特曼指数>2,莱特碱度率>2.5。岩石地球化学上以富钾为特点,属于高钾钙碱性岩石,并显示与埃达克质岩相似的地球化学特征,形成于冈底斯碰撞造山演化晚期的地壳松弛阶段。

在圈定找矿远景区时,以下几个方面值得注意:

(1) 矿床成因类型、成矿机理以及控矿因素的基本认识;

(2) 已知矿点或矿化点的分布及其进一步找矿前景的评价;

(3) 物探(1:1 万激电扫面)、化探(1:2.5 万土壤地球化学测量)、遥感异常均显示的找矿有利地段;

(4) 地表直接找矿标志,包括孔雀石化、褐铁矿矿化形成的"火烧皮"、围岩蚀变等。

(5) 冈底斯斑岩型铜钼矿床与外围的矽卡岩型铜多金属矿床在形成年代上相近,在空间上关系密切,与新生代高侵位的花岗质岩浆具有明显的成矿专属性,属于统一的斑岩-矽卡岩成矿系统。因此,岗讲外围应注意寻找产于碳酸盐围岩接触带附近的矽卡岩型矿床。

7.3 找矿靶区圈定及评价

在总结岗讲矿区成矿地质条件、控矿要素、找矿标志的基础上,结合区内物探、化探、遥感等成果资料的再处理及全面分析,在岗讲矿区及外围共圈了 6 个找矿靶区(图 7-1),其中,岗讲和夏庆矿区各 1 个,白容和绒岗蒙矿区各 2 个。

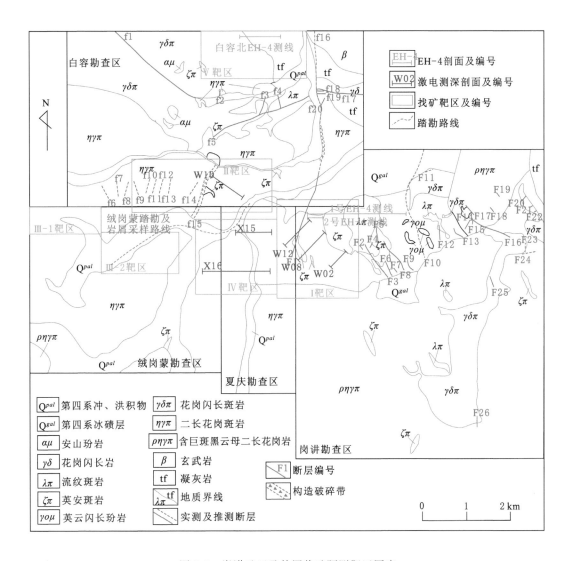

图 7-1 岗讲矿区及外围找矿预测靶区圈定

7.3.1 岗讲西部预测区(Ⅰ靶区)

7.3.1.1 预测依据

(1)地质依据

Ⅰ靶区位于岗讲矿区西侧与夏庆矿区交界处,出露岩体以二长花岗斑岩为主,南端分布有含巨斑黑云母二长花岗岩,后期流纹斑岩、英安斑岩、安山玢岩脉均有出露。前文介绍,岗讲 Cu-Ⅰ号矿体水平投影呈"环状"或"U"型,开口北西向,矿体东段、北段和南段具有大量工程控制,但"U"型缺口位置还是勘探的盲区。1:1万激电扫面和1:2.5万土壤地球化学测量均显示该区存在很好的电法异常和化探异常(图7-2)。

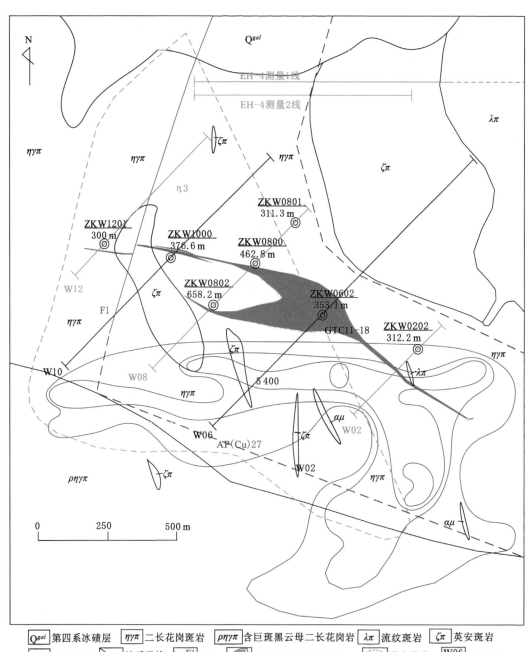

图 7-2 Ⅰ靶区地质-物探-化探联合图解

区内成矿后期近南北向 F1 断裂对矿体的破坏作用不容忽视,前文介绍了 F1 断裂的性质为逆冲断层,向西倾斜,F1 断裂西盘相对抬升,剥蚀程度高于东盘,不利于矿体的保存,这在位于 F1 断裂两侧的 ZKW1201 和 ZKW1000 钻孔见矿效果中可以得到验证。处于西盘的 ZKW1201 钻孔见 1 层矿化体,厚度 4 m,而处于东盘的 ZKW1000 见矿 3 层,总厚度 60 m。Ⅰ靶区东端出露有面积约 1.4 km² 的流纹斑岩、英安斑岩,其内部基本无矿化,对矿体起到破坏作用;南端分布有大面积的含巨斑黑云母二长花岗岩,呈岩基产出,与成矿关系不大。因此,夹持于 F1 断裂、东边英安斑岩和南边含巨斑黑云母二长花岗岩之间的区域应该是岗讲西部进一步勘查的重点。

（2）地球化学依据

Ⅰ靶区北部地区不在 1∶2.5 万土壤地球化学测量范围之内,南部存在一处 AP(Cu)27 号乙类异常,异常浓集中心近东西向,异常规模大,强度高,组合元素异常套合性好,Cu 元素具有两个Ⅳ级以上(>960×10⁻⁶)浓集中心,显示了良好的地球化学成矿条件。

（3）地球物理依据

1∶1 万激电扫面工作在Ⅰ靶区内圈定了 η3 一级视电阻率异常,异常呈轴向近南北的耳形,显示高极化、低电阻率特征,视极化率一般在 4.0%～6.0% 之间,异常极值达 7.5%;视电阻率一般低于 500 Ω·m。

为了查证 η3 异常深部变化情况,布置了三条激电测深剖面 W02、W08 和 W12。激电测深反演算法采用基于电阻率/极化率数据 2.5 维有限元正演模拟和基于光滑模型约束的最小二乘反演算法。在反演的目标函数中,加入了最简单模型和背景场等先验信息,减少解译的多解性。

W02 测深剖面:由 W02 号激电测深视极化率、视电阻率 2.5 维反演及地质剖面联合图解(图 7-3)可以看出,在 W02-16、W02-17、W02-18 三点对应位置有一相对低阻高极化异常带,该异常带近地表段与地面 GTC1101 探槽揭露已知矿体位置吻合性较好。经钻孔 ZKW0202 验证,在异常位置见铜钼矿体,钼矿化强于铜矿化。据分析结果圈定 8 层矿体,叠加厚度 66.7 m,Cu 品位 0.17%～0.42%,Mo 品位 0.02%～0.067%,证实为矿致异常。

W08 测深剖面:由 W08 号激电测深视极化率、视电阻率 2.5 维反演及地质剖面联合图解(图 7-4)可以看出,在剖面上 W08-16～W08-28 段存在一明显的低阻高极化异常区,异常轴向明显,向北东向倾斜。在该异常区地表探槽 GTC0302 和 GTC0501 均已见矿,其中 GCT0302 取样品位:Cu 0.42%、Mo 0.008%、EqCu 0.44%,GTC0501 取样品位:Cu 0.48%、Mo 0.008%、EqCu 0.50%。在 W08 测深剖面上施工的 ZKW0800、ZKW0802 验证钻孔,其中 ZKW0800 钻孔在 122～232.5 m 范围内见到了钻厚 110.5 m 的矿(化)体,Cu 品位 0.104%～0.254%,Mo 品位 0.01%5～0.088%;ZKW0802 钻孔在 51.4～394.7 m 见矿 5 层,叠加厚度 69 m,Cu 品位 0.175%～0.472%,Mo 0.03%～0.075%。该层矿(化)体赋存深度与激电测深圈定的异常位置及推断见矿深度、矿层产状基本一致,证实了激电测深异常为矿致异常。

W12 测深剖面:从 W12 号激电测深视极化率、视电阻率 2.5 维反演及地质剖面联合图解(图 7-5)可以看出,在剖面上 W12-8～W12-10 段存在一明显的低阻高极化异常区,异常呈略向北东倾斜的陡倾斜状态。经钻孔 ZKW1201 验证,异常位置发育黄铁矿化、黄铜矿化二长花岗斑岩,圈定出厚 4 m 的 1 层矿化,Cu 品位 0.256%、Mo 0.019%、EqCu 0.348%。

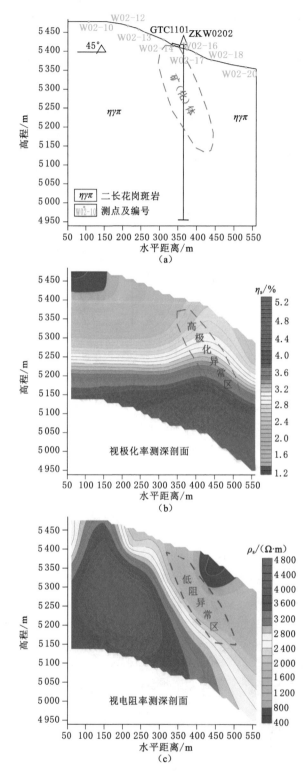

图 7-3　W02 测深剖面

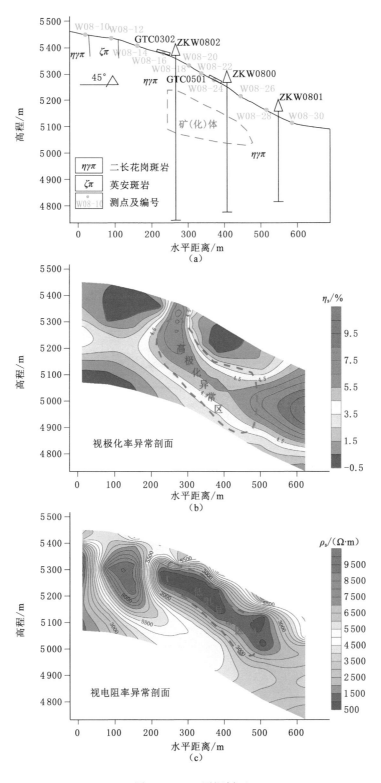

图 7-4 W08 测深剖面

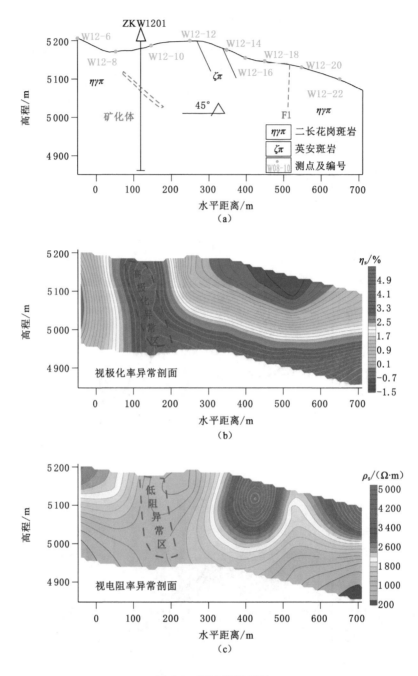

图 7-5　W12 测深剖面

7.3.1.2　EH-4 剖面测量

　　EH-4 高频大地电磁成像系统是 EMI 公司和 Geometrics 公司联合推出的新一代电磁仪,它利用宇宙中的太阳风、雷电等入射到地球上的天然电磁场信号作为激发场源(一次场),垂直入射到大地介质中,由电磁场理论可知,大地介质中将会产生感应电磁场(二次场),通过一组相互垂直的测量装置即沿测线方向和垂直测线方向测量二次电磁场的电场分量 E_x、E_y 和磁场分量 H_x、H_y,并由此计算出视电阻率、相位及深度,确定工作剖面的地电特征和深部构造。为了获取理想的原始数据,此次采用 EMAP 测量方式,即电极距和点距相等,前后测点电极首尾相连。EH-4 电磁测深在野外进行数据采集过程中,采集系统自动对时间序列的数据进行预处理后,随即进行 FFT 变换,获得电场和磁场虚实分量和相位数据,室内数据处理及反演采用 IMAGEM 软件,步骤简述如下:

(1) 对获得的电场和磁场虚实分量和相位数据,使用 IMAGEM 软件对数据进行 1-D 分析及 2-D 反演;

(2) 在二维成图反演中为了更好地观察视电率的变化分布情况,对实测剖面分别选择了 0.5、0.3 和 0.2 三个不同的圆滑系数进行观察、分析和比较,产生相应的数据文件,综合资料对比,确定本次岗讲 EH-4 测量优选处理圆滑系数为 0.3 效果最佳;

(3) 2-D 反演解释得到的 DATA 数据,利用 Surfer 软件作出相应的拟二维视电阻率等值线剖面图。

选取岗讲矿区中部、钻孔资料较多的 8 号勘探线附近,平行布设了两条 EH-4 测量剖面,该勘探线东部已有 ZK808、ZK807、ZK805、ZK803 探矿钻孔,有利于 EH-4 反演结果的解译工作。EH-4 测量 1 号剖面设计全长 2 150 m,测点点距 25 m,X、Y 方向电极距 50 m;2 号剖面设计全长 800 m,数据采集所有参数设置与 1 线相同(图 7-1,图 7-2)。测区地形开阔,高差变化不大,约 100 m。区域内无高压输电线、村庄、电站等干扰设施,属于理想的 EH-4 测量环境。

不同类型、不同成因矿床的矿化蚀变带和围岩存在着某些电阻率差异,这为 EH-4 测量手段用于成矿预测提供理论依据。将测量过程中沿线采集的岩石标本进行了实验室相关物理参数测定及精确定名,测定参数包括岩石电阻率、极化率以及密度率,结果列于表7-1。可以看出,岗讲矿区蚀变矿化花岗岩的电阻率变化于 202.4～356.5 Ω·m,平均 262.8 Ω·m,无矿化花岗岩电阻率变化于 1 456.3～1 558.9 Ω·m,平均 1 507.6 Ω·m,矿化花岗岩电阻率明显小于无矿化岩体。各类岩石的密度变化不大,矿化岩石磁化率总体略高于非矿化岩石。矿化岩石与非矿化岩石电阻率差异明显,利用 EH-4 物探测量手段来推测与定位矿区深部矿体是合理的、可行的。

表 7-1 岗讲 EH-4 测量采集标本物性参数测定结果

样号	岩性描述	电阻率/(Ω·M)	密度/(g/cm³)	磁化率/(10^{-3}SI)
GJ-01	绢云母化花岗岩(含矿)	356.5	2.629	0.007 5
GJ-02	绢云母化二长花岗斑岩(含矿)	202.4	2.582	0.282 0
GJ-03	黑云母花岗闪长斑岩(含矿)	253.5	2.609	5.606 7
GJ-04	黑云母二长花岗斑岩	1 558.9	2.589	5.716 7
GJ-05	碳酸盐化二长花岗斑岩(含矿)	238.8	2.541	0.080 0
GJ-22	黑云母二长花岗斑岩	1 456.3	2.602	8.478 3

岗讲 1 号 EH-4 测量剖面拟二维视电阻率反演等值线图(图 7-6)表明,高阻、低阻形态简单,地质体电性区分比较明显,低阻区分布相对较集中。测线地下存在四种截然不同的电性体:A 高电阻体(1 800~3 600 Ω·m),分布于图幅中央,形态近直立,由底部向上逐渐收窄;B 较高电阻体(700~1 800 Ω·m),分布于 A 高电阻体的两侧;C 较低电阻体(500~700 Ω·m)与 D 低电阻体(0~500 Ω·m)形态关联性高,呈包含关系,分布于图幅左侧及右侧上部。结合测区岩(矿)石物性参数测定结果及研究区地质资料等,对拟二维视电阻率等值线图进行综合解译,并绘制地质解译图(图 7-6)。

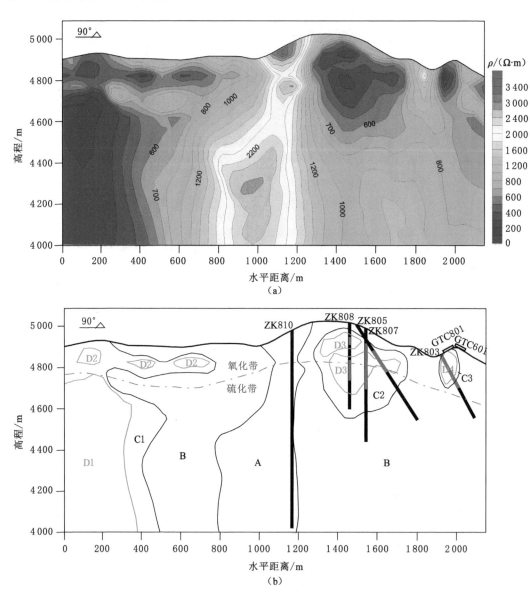

图 7-6 岗讲 1 号 EH-4 测量剖面拟二维视电阻率反演等值线图

（1）A 高电阻体为流纹斑岩、英安斑岩，地表已出露，高阻异常范围由底部向上逐渐收窄，说明岩浆上侵过程中动力逐渐减弱。A 高阻体构成了矿区内高阻异常核部，8 号勘探线上 ZK810 钻孔（孔深 1 000 m）基本未见矿化，进一步验证了斑岩型矿床岩体核部（斑核）不含矿的认识。B 较高电阻体是图幅的主体部分，推测为矿区广泛分布的二长花岗斑岩体，二长花岗斑岩与成矿关系密切，B 较高电阻体构成矿区最重要的含矿斑岩基。

（2）C 中等电阻体服从于 D 低电阻体的外延形态特征，推测 C 中等电阻体为矿体附近广泛发育的钾硅酸盐化和黄铁绢英岩化蚀变引起的异常，D 低电阻体为矿化引起的异常。低阻异常位置与已知探矿工程的吻合度较高，具体表现在：C2 及其包含的 D3 呈近等轴状，该位置与 ZK808、ZK807 钻孔见矿或矿化深度有较好的吻合性；C3 及其包含的 D4 低阻异常产状直立，与该位置 ZK803 见矿或矿化深度亦具有很好的吻合性；D4 低阻异常已出露地表，GTC0601 和 GTC0801 探槽揭示该处分布有氧化矿体。

（3）位于测线西端的 D1、D2 低阻异常目前还没有任何深部钻孔验证，但 D3、D4 低阻异常与已知探矿工程见矿深部有高度的可比性，同理类推，D1、D2 低阻异常可能是矿致或矿化所致异常。其中，D2 低阻异常呈长轴状平行分布于地表以下 100 m 左右范围内，根据矿区地质资料，该异常可能是近地表分布的氧化矿（化）体的电性响应；D1 异常规模较大，顶部高程约 4 800 m，向深部无限延伸。为了验证 D1 异常的可靠性及其在空间上的延续性，补充设计了岗讲 2 号 EH-4 测量剖面（图 7-7），结果证实 D1 异常在垂向上和横向上均显示出很好的延伸，是一个连续的面型异常，推测为矿（化）致异常的可能性较大。

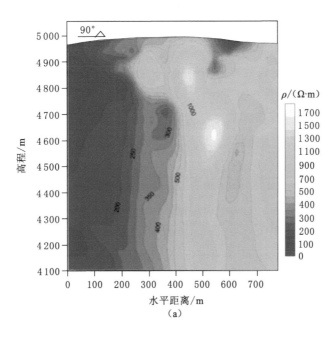

图 7-7　岗讲 2 号 EH-4 剖面视电阻反演等值线图

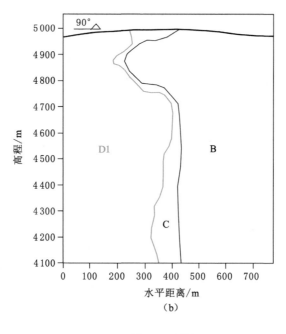

图 7-7 （续）

7.3.1.3 找矿前景分析

Ⅰ靶区处于岗讲 Cu-Ⅰ矿体西部,1∶2.5 万土壤地球化学显示靶区南部存在规模大、强度高的 Cu 元素异常,1∶1 万激电扫面结果表明该区存在视极化率高于 4% 的激电异常,激电测深剖面圈定的高极化低阻异常与钻孔控制矿(化)体位置及形态基本一致,EH-4 剖面测量亦显示该区西侧深部亦存在连续性很好的面型低阻异常,地质、物探、化探成矿条件优越,显示良好的找矿前景,是岗讲矿区进一步找矿工作的重点,建议在 EH-4 测线西侧 D1、D2 低阻异常位置布置深部探矿工程,对异常进行查证。

7.3.2 白容南部预测区(Ⅱ靶区)

7.3.2.1 预测依据

(1) 地质依据

Ⅱ靶区位于白容矿区南部与绒岗蒙矿区交界处。1∶2 000 地表填图结果显示(图7-8),该区出露岩体主要为二长花岗斑岩,呈岩基产出,后期英安斑岩、流纹斑岩、安山玢岩等呈岩脉穿插于二长花岗斑岩中;区内发育有北东向、北西向和近南北向等多组断裂构造,断裂破碎带宽度在 5～50 m 之间,破碎带中碎裂岩化和糜棱岩化强烈,岩石极为破碎;二长花岗斑岩、英安斑岩中普遍发育孔雀石化,以星点状、薄膜状为主,次为浸染状。Ⅰ靶区具备白容中部 Cu-Ⅰ、Cu-Ⅱ矿体构成的矿化带相似的成矿地质条件(含矿斑岩、构造、围岩蚀变),是白容矿区"第二条"具有良好找矿前景的地段。

(2) 地球化学依据

Ⅱ靶区内分布有近东西向展布、面积约 1.98 km² 的 AP(Cu)8 号乙类土壤化探异常,Cu 元素具有Ⅳ级以上(>960 ppm)浓集中心,异常规模大,组合异常套合性好,浓集中心基

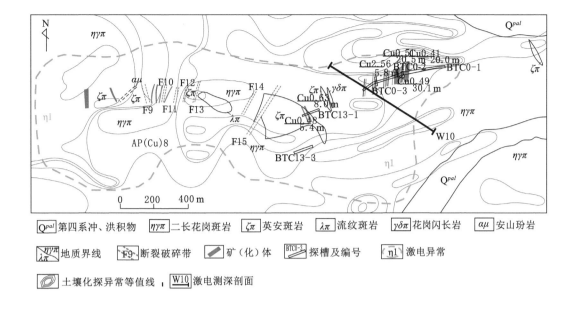

图 7-8　Ⅱ靶区地质-物探-化探联合图解

本吻合,成矿地球化学条件优越。

(3) 地球物理依据

Ⅰ靶区内存在一近东西向展布、面积约 1.55 km² 的 η1 视极化率一级异常,视极化率一般介于 4.0%~6.0%,异常极值达 9.97%;视电阻率一般低于 500 Ω·m,显示高极化、低电阻率特征。在 η1 异常中部,过 Cu-Ⅲ 矿(化)体实施了一条激电中梯测深剖面(W10),从极化率、电阻率 2.5 维反演及地质剖面联合图解(图 7-9)可以看出,该剖面上存在两处相对低阻高极化异常区,分别位于 W10-16~W18 及 W10-36~W10-38 处。视极化率异常和视电阻率异常位置基本对应,呈北西向陡倾斜状态,测线西侧的相对低阻高极化异常与地表填图圈定的 Cu-Ⅲ 矿(化)体位置吻合,说明激电测深测量结果的合理性。因此,该区亦具备良好的成矿地球物理特征。

7.3.2.2　验证效果

为了对 AP(Cu)8 号乙类化探异常和 η1 激电扫面异常进行查证,在区内开展了 1:2 000 地表填图和地面槽探工作,发现了一条长约 1.9 km 的氧化矿带,并圈定了 Cu-Ⅲ、Cu-Ⅳ、Cu-Ⅴ 三个矿(化)体(图 7-8)。

Cu-Ⅲ矿(化)体:由 3 个探槽及地质点上的样坑控制,矿化面积约 0.1 km²,均为氧化矿,孔雀石呈星点状、薄膜状、浸染状产于二长花岗斑岩中,矿化不均匀,Cu 品位 0.1%~1%。

Cu-Ⅳ矿(化)体:由 1 个探槽及地质点上的样坑控制,地表矿化面积约 0.03 km²,均为氧化矿,矿化不均匀,在英安斑岩脉旁侧矿化较强,Cu 品位 0.1%~0.4%,最高达 1%。

Cu-Ⅴ矿(化)体:出露海拔 5 700 m 左右,地表地质点控制 1 km² 范围内有矿化脉 6 条,宽一般 3~8 m,最宽一条近 80 m,矿化不均匀,打快样分析 Cu 品位一般 0.1%~0.4%,最高达 4%。

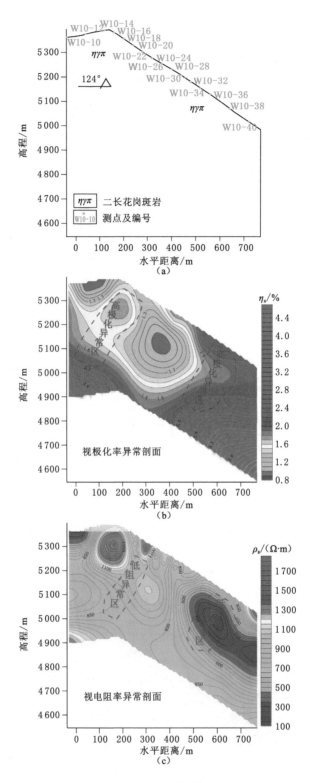

图 7-9　W10 测深剖面

Ⅱ靶区具备与白容中部地区铜矿带（Cu-Ⅰ、Cu-Ⅱ矿体组成）相似的成矿地质条件，地质、物探、化探成矿条件优越，显示良好的找矿前景，鉴于矿化带近东西走向、激电测深圈定的相对低阻高极化异常向北西向陡倾斜，建议沿南北向布设勘探剖面线，并实施相关深部验证工程（如斜孔）。

7.3.3　绒岗蒙西北部预测区（Ⅲ靶区）

7.3.3.1　野外踏勘

绒岗蒙矿区西北部海拔在 5 400 m 以上，目前没有布置具体的勘探工程，基础地质和矿床地质研究较薄弱，地质概况见图 7-10。1:5 万水系沉积物测量结果显示，绒岗蒙西北部存在一处铜化探异常，Cu 含量在（150～200）$\times 10^{-6}$ 左右，异常值 Cu 含量一般为（1 500～9 490）$\times 10^{-6}$，峰值 13 600$\times 10^{-6}$；Mo 含量（3.10～31.0）$\times 10^{-6}$，峰值 73$\times 10^{-6}$（图 7-11）。由于投入工作量少，没有对异常进行查证。从遥感图像上（图 7-11）看，绒岗蒙勘查区西北部角有一个环形构造存在，且遥感蚀变提取出环形东部及北部边缘明矾石化、叶蜡石化、绢云母化、绿泥石化等异常，该环形构造是否与二长花岗斑岩体有关，其内部是否发育有铜矿化？野外踏勘查明上述问题具有重要意义。野外调查结果表明，绒岗蒙矿区出露主要岩体类型与岗讲矿区相似，广泛分布有二长花岗斑岩、含巨斑黑云母二长花岗岩以及晚期侵入的闪长玢岩脉等，地表褐铁矿化发育，具有较好的找矿前景。褐铁矿化位置多位于在 5 400～5 900 m 标高，矿化带多呈陡产状分布，宽度从几米到几十米不等（图版Ⅵ-1）。

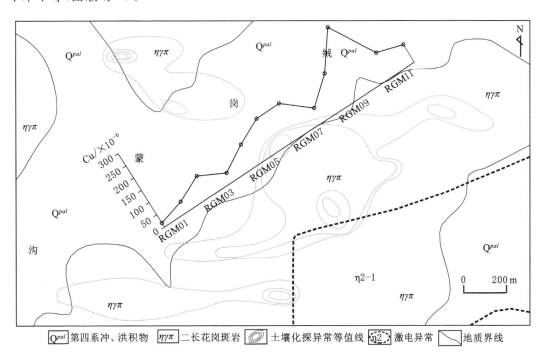

图 7-10　Ⅲ靶区地质-物探-化探联合图解

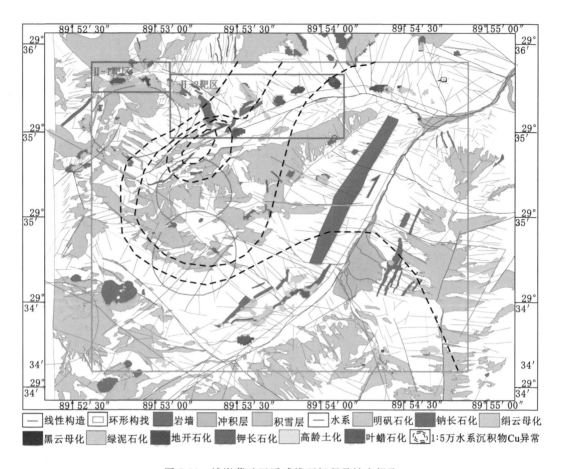

图 7-11　绒岗蒙矿区遥感线环解释及蚀变提取

7.3.3.2　预测依据

绒岗蒙矿区西北部存在多处 1:2.5 万土壤化探异常,其中以 AP(Cu)18 号乙类异常规模最大,呈近东西向不规则条带状展布,面积约 0.42 km²,具有Ⅳ级以上浓集中心,Cu 含量均值 $340×10^{-6}$,最高 $2\,060×10^{-6}$。该异常虽然面积不大,但元素异常强度高,富集趋势突出。

在沿绒岗蒙大沟踏勘过程中系统采集了 12 件地表岩屑样品,采样位置见图版Ⅵ-3。在 5 m×5 m 范围内随机采取小于 10 mm 的岩石碎屑,单样重 200 g 左右。采样间距不等,以地质观察选取采样点,一般是在岩性变化,且出现二长花岗斑岩时确定一个采样点,二长花岗斑岩出露范围大时则加密采样点。样品均采自山脚下的坡积物。样品测试由自然资源部昆明矿产资源监督检测中心完成,测试结果列于表 7-2。

测试结果表明,绒岗蒙岩屑安排主成矿元素 Cu 含量平均 $98×10^{-6}$,高于花岗岩维氏值 5 倍,最高为 $266×10^{-6}$;Mo 含量平均 $7.6×10^{-6}$,高出花岗岩维氏值近 8 倍,最高为 $31.4×10^{-6}$。岩石碎屑样测试结果中 Cu、Mo 元素含量普遍偏低,这与观察到的部分采样点附近的大块岩石裂隙中发育有明显的孔雀石化现象相矛盾。究其原因,认为可能是该地区高碱性的地表水(溪水变蓝)溶滤带走了岩石中大部分的成矿元素(化学反应生成碱性碳酸铜),

加之本次采集的岩石碎屑颗粒小,与水的接触面积较大,其内部的 Cu 元素更容易被溶解而渗入土壤中。因此,采集的岩石碎屑中 Cu、Mo 的含量不能真实地反映区内背景值,推测附近土壤中的 Cu、Mo 元素含量可能会较高。

表 7-2　绒岗蒙勘查区岩石碎屑样主要成矿元素含量测试结果　　　单位:×10^{-6}

编号	Ag	As	Bi	Cu	Mo	Pb	Sb	Sn	W	Zn
BRGM01	0.081	3.15	0.21	16.6	1.03	22.8	1.23	2.42	2.74	33.5
BRGM02	0.079	3.40	0.63	42.4	0.79	32.4	1.73	3.08	6.94	41.9
BRGM03	0.097	6.42	1.20	86.1	3.49	50.8	2.12	3.36	9.14	54.4
BRGM04	0.100	4.04	0.48	37.6	0.98	46.6	0.91	2.79	5.34	60.9
BRGM05	0.080	4.21	0.8	92.1	8.50	33.7	2.36	1.77	4.61	53.0
BRGM06	0.079	3.99	0.95	137.0	7.49	26.6	1.40	2.58	6.55	46.6
BRGM07	0.090	4.56	0.63	138.0	5.60	33.6	1.14	3.71	4.78	46.3
BRGM08	0.070	4.66	0.66	57.8	3.96	66.4	3.69	3.01	4.35	49.8
BRGM09	0.110	5.58	1.2	138.0	9.00	29.8	1.75	5.3	8.23	49.2
BRGM10	0.120	5.16	1.64	266.0	31.40	35.0	3.33	2.57	14.5	71.2
BRGM11	0.150	9.88	1.35	101.0	10.40	276.0	3.30	3.74	13.6	215.0
BRGM12	0.074	9.63	0.64	73.0	8.63	24.5	2.39	2.85	6.58	55.5

注:测试单位为自然资源部昆明矿产资源监督检测中心(2013.09);测试方法为等离子质谱法。

虽然 12 件岩屑样品中 Cu、Mo 含量偏低,但是彼此之间还是有相对高低之分,在地表水对岩石碎屑颗粒溶滤作用相等的假设前提下,含量的相对高低基本上能反映出岩屑被溶滤前成矿元素含量的高低情况。BRGM09、BRGM10、BRGM11 采样点 Cu、Mo 含量高值连续性较好,在采样点上方 100～200 m 山坡上观察到明显的褐铁矿化现象(图版Ⅵ-1),推测其深部有原生矿化(体)存在。

在 BRGM01 采样点位置,观察到对面(北西方向)山坡上一处较大规模的褐铁矿化带(图版Ⅵ-2),估计垂直高度超过 250 m,矿化范围在 700～800 m 之间,同时还观察到该矿化体下方的沟谷堆积物褐铁矿化也很明显。由于天气、路线太长等客观原因,未能到达该矿化带位置,只能在远处进行观察。

综上所述,在已踏勘的绒岗蒙西北部地区,至少存在两处明显的褐铁矿化浓集中心,一处位于矿区西北边角位置,中心坐标为 N29°35′56.95″,E89°52′51.64″,标高 5 780 m;另一处位于 BRGM09～BRGM11 采样点之间南东走向的山坡位置,中心坐标为 N29°35′26.5″,E89°54′04.4″,标高 5 600 m。依据观察到的褐铁矿化强度及规模,在绒岗蒙矿区划分了Ⅲ-1、Ⅲ-2 两个找矿预测靶区。

(1)Ⅲ-1 预测靶区

东西长约 1 600 m,南北宽 860 m,面积约 1.38 km^2,最低海拔 5 540 m,最高海拔 5 900 m。目前可观测到的主要为褐铁矿化,矿化强度高,呈陡产状产出,地表出露垂直高度 250 m 左右,出露宽度达 700～800 m,可作为优先找矿靶区。

（2）Ⅲ-2 预测靶区

北东长约 1 100 m，南西长约 300 m，面积约 0.33 km²，最低海拔 5 340 m，最高海拔 5 760 m，地形很陡。踏勘后发现区内主要出露二长花岗斑岩，闪长玢岩等，强度高的褐铁矿化主要出露在靠近山顶的位置。该区沿坡底堆积物岩屑样品的成矿元素分析结果，由于采样时没有考虑到高碱性地表水的影响，测试值普遍偏低，但主成矿元素含量相对值的高低可以间接反映异常分布。

7.3.3.3 找矿前景分析

绒岗蒙地区由于交通不便，海拔较高，基础地质工作十分薄弱，在该区北部有限范围内的野外踏勘过程中，已获得了一定的收获。综合分析绒岗蒙勘查区的找矿前景，如下几点值得重视：

（1）对比岗讲矿区内二长花岗斑岩为主要的成矿母岩，绒岗蒙勘查区内广泛分布的二长花岗斑岩体，是否说明有成矿母岩存在？

（2）二长花岗斑岩体内褐铁矿化分布广泛，且矿化强度及规模都较大，如上述圈定的 A 找矿预测靶区，地表褐铁矿化的规模比岗讲矿区出露范围更大；

（3）绒岗蒙出露的矿化体标高多在 5 500 m 以上，最高处达 5 900 m 左右，普遍比岗讲矿区高出 500 m 以上，在岩体侵位高度一致的情况下，显然绒岗蒙勘查区的剥蚀深度要远小于岗讲矿区；

（4）应在Ⅲ-1 找矿预测靶区优先开展找矿工作，快速查明是否具有成矿远景，再扩大到绒岗蒙其他地段的找矿工作；

（5）目前的预测依据尚十分薄弱，需加强相关的地质工作；

（6）勘查区交通条件很差，许多地方无法到达，需要修建简易公路，才能开展相关工作。

7.3.4 夏庆中部预测区（Ⅳ靶区）

7.3.4.1 预测依据

（1）地质依据

Ⅳ靶区二长花岗斑岩大量分布，夹零星花岗闪长斑岩、英安斑岩脉（图 7-12）。该区覆盖层较厚，未见断裂出露，但在相邻的岗讲、白容矿区可见不同级别、不同期次、不同方向的断裂构造，同时该区南邻帕古-热堆韧性剪切带，构造活动理应频繁。踏勘发现该区硅化、钾化、绿泥石化、黏土化和褐铁矿化普遍发育。南面的剪切带活动使深部物质发生部分熔融，壳幔之间出现大规模物质交换，造成岩浆活动强烈，并呈东西向大规模侵位，形成了优越的成矿地质条件。

（2）地球化学依据

1：2.5万土壤地球化学测量显示Ⅱ靶区具有良好的单元素及元素组合异常，其北面分布有 AP(Cu)17、AP(Cu)19 号丙类异常，规模和强度均较小；南部分布有 AP(Cu)29 号乙类异常，呈近东西方向不规则条带状分布，面积约 0.34 km²，具有一个Ⅳ级以上浓集中心，该异常规模大，元素组合异常套合性好，变异显著，富集趋势突出，显示良好的成矿地球化学特征。

（3）地球物理依据

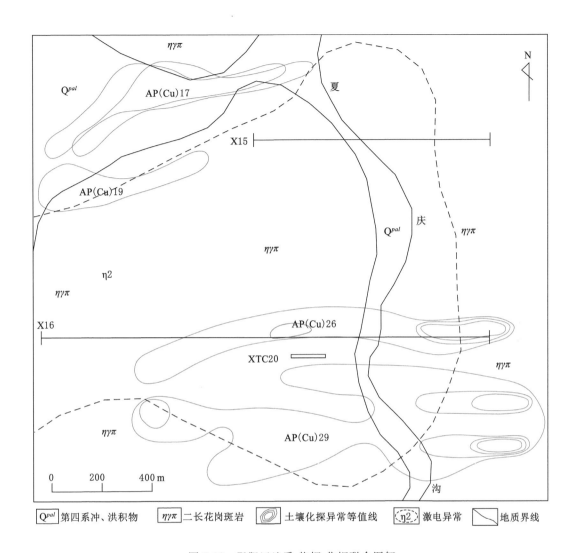

图 7-12 Ⅳ靶区地质-物探-化探联合图解

Ⅱ靶区内激电扫面工作显示该区存在一个近东西走向的 $\eta2-2$ 一级视极化率异常,异常显示低阻高极化特征,激电异常强度高,η_s 峰值达 $11.5\% \sim 12.1\%$,ρ_s 值介于 $90 \sim 500\ \Omega \cdot m$ 之间。异常具有明显的分带特征,由中心向外,极化率和电阻率异常此消彼长,强度渐次变化。为进一步了解验证该异常深部变化规律,东西走向设计了两条激电测深剖面 X15、X16。

X15 测深剖面:从 X15 激电测深视极化率、视电阻率 2.5 维反演等值线图(图 7-13)可以看出,在剖面上 $380 \sim 620\ m$ 处圈定一个低阻高极化异常体,η_s 在 $1.8\% \sim 2.0\%$ 之间变化,ρ_s 值介于 $100 \sim 500\ \Omega \cdot m$ 之间,异常顶板埋深为 $130\ m$ 左右,底板埋深约 $330\ m$,长约 $283\ m$,厚约 $140\ m$。

X16 测深剖面:从 X16 激电测深视极化率、视电阻率 2.5 维反演等值线图(图 7-14)可以看出,在剖面约 $800 \sim 1\ 400\ m$ 处存在一低阻高极化异常区,异常强度较高,较为宽缓,深

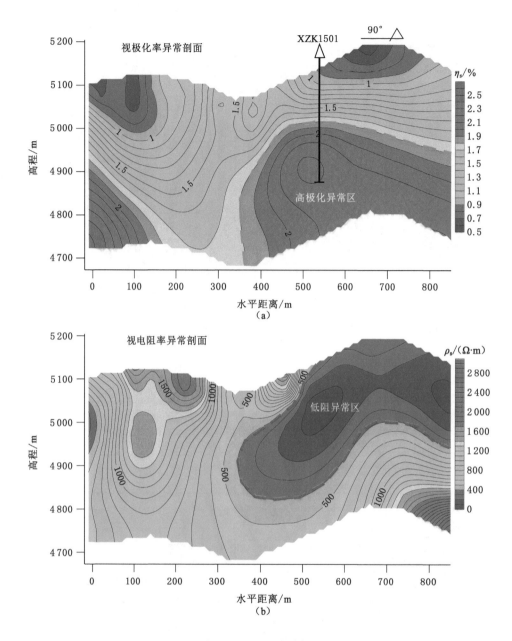

图 7-13 X15 测深剖面

部形态呈向下"无限延伸"的态势。极化率范围在 $2.0\%\sim2.8\%$ 之间变化,电阻率介于 $100\sim400\ \Omega\cdot m$ 之间,异常顶板埋深约 160 m,底板未封闭,长约 500 m。

7.3.4.2 验证效果

位于 X16 测深剖面低阻高极化异常位置南约 100 m 处的 XTC20 探槽单工程圈定一条近南北走向、宽约 5.31 m 的矿化体,二长花岗斑岩是主要的容矿岩石,矿化与后期英安斑岩、花岗闪长斑岩脉关系密切,铜多以次生氧化物形式填充于岩石节理、裂隙面上,发育钾

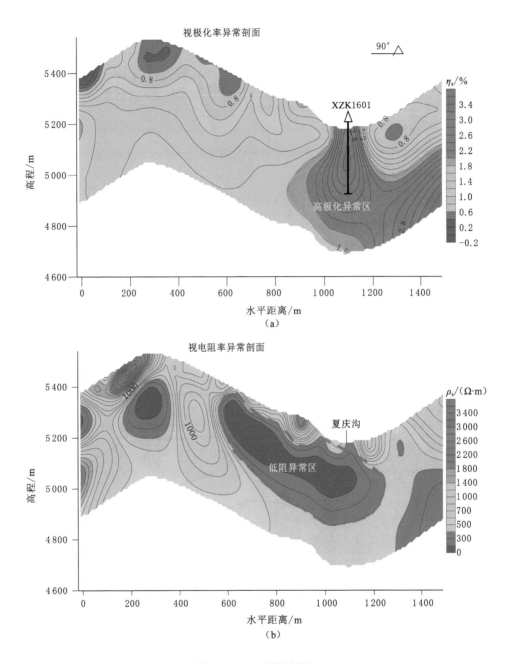

图 7-14 X16 测深剖面

化、硅化、孔雀石化和褐铁矿化。XTC20 单工程 Cu 品位 0.20%~0.61%,平均 0.31%,Mo 含量极低(<0.001%)。

Ⅳ靶区具备良好的成矿地质、地球化学、地球物理条件,两条激电测深剖面显示低阻高极化异常往深部有较好的延伸,推测深部可能存在原生矿(化)体,建议在激电测深低阻高极化异常处优先布置相关深部验证工程。

7.3.5 白容北部预测区(Ⅴ靶区)

7.3.5.1 预测依据

白容矿区中部及南部勘探工程已经圈定两条近东西走向的氧化矿带,成矿类型为与二长花岗斑岩、花岗闪长斑岩等复式岩体有关的斑岩型铜钼矿床,但其北部地区目前工作程度低,前期的1∶2.5万土壤地球化学测量、1∶1万激电中梯扫面和高精度磁测扫面均没有覆盖该区域。Ⅴ靶区位于白容矿区北部边缘位置,西侧主要出露花岗闪长斑岩以及二长花岗斑岩和英安斑岩脉,东侧主要分布典中组火山凝灰岩。区内绿泥石化、绿帘石化等低温热液蚀变普遍发育。

汤巴拉矽卡岩型铜矿区北邻白容矿区,区内地层简单,包括古近系典中组(E_1d)和第四系(Q),其中典中组地层又可分为四个岩性段(图7-15),第一岩性段(E_1d^1)为黄绿色强蚀变凝灰岩,第二岩性段(E_1d^2)为灰绿色弱蚀变凝灰岩,第三岩性段(E_1d^3)为灰白色凝灰岩,第四岩性段(E_1d^4)为灰紫色凝灰岩、安山岩。区内发育一个轴向近东西向的背斜构造,矿化带主要分布于E_1d^1地层中,少数分布于E_1d^2地层中,在背斜的北翼发育有三组近南北走

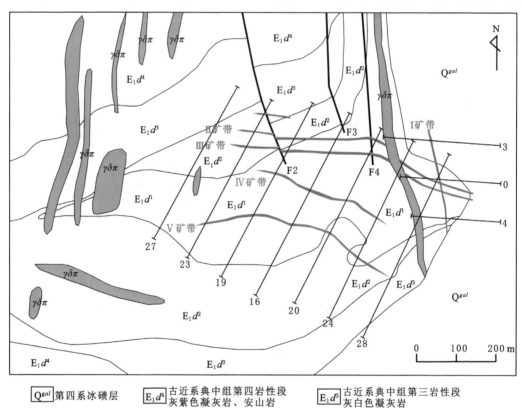

图 7-15 汤巴拉矿区地质简图(据圣鑫矿业投资有限公司内部资料)

向的断裂构造。区内岩浆岩单一,为花岗闪长斑岩,呈近南北走向的岩脉或岩株产出。区内目前已圈定五条铜矿带,Ⅱ～Ⅴ矿带呈东西走向顺层产出,Ⅰ矿带呈南北走向切层产出。主矿体呈似层状产于E_1d^1火山凝灰岩地层中(图7-16)。

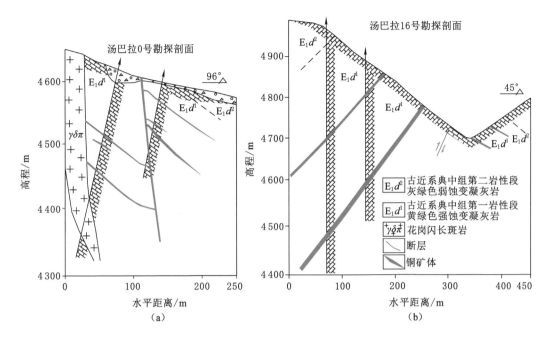

图7-16 汤巴拉矿区0线、16线地质剖面(据圣鑫矿业投资有限公司内部资料)

野外踏勘表明,汤巴拉背斜南翼赋矿地层(E_1d^1)较为平缓,实测产状为$220°\angle5°$(图版Ⅶ-1,Ⅶ-2)。对汤巴拉矿区ZK004钻孔详细观察后发现,矽卡岩是主要的容矿岩石,金属矿物以黄铜矿、斑铜矿为主,磁铁矿、辉钼矿、黄铁矿、磁黄铁矿次之,目测Cu品位大于1%(图版Ⅶ-3～Ⅶ-8)。

斑岩成矿系统的外围,依据其所处空间位置、围岩性质、构造等条件,可形成矽卡岩型矿床,例如甲玛铜多金属矿成矿类型为斑岩-矽卡岩型矿床;驱龙铜钼矿是冈底斯成矿带上规模最大的斑岩型矿床(铜储量约10 Mt),距驱龙矿床南约2 km处的知不拉铜矿类型为矽卡岩型矿床。根据这一论理,推测白容矿区北部具有寻找矽卡岩型矿床的潜力。

7.3.5.2 EH-4试验性剖面

在白容矿区北部花岗闪长斑岩和凝灰岩接触带上东西走向布设了一条EH-4试验性剖面进行探索性研究,旨在查明其深部岩体埋深、形态及矿化分布情况(图7-1)。共设计42个测点,间距25 m,测线总长度1 050 m(图版Ⅷ-1)。测区地下开阔,但高差较大,无高压输电线、电站等强干扰设施,距离公路亦较远,属于较为理想的EH-4测量环境。

不同类型、不同成因矿床的矿化蚀变带和围岩存在着某些电阻率差异,这为EH-4测量手段用于成矿预测提供理论依据。对EH-4测量过程中采集的岩石标本进行了电阻率参数测定,结果见表7-3。可以看出,与成矿有关的花岗闪长斑岩(有轻微的绿泥石化和绢云母化蚀变)电阻率是围岩(玢岩及砂岩)的8～10倍,而地表出露的凝灰岩的电阻率高达

390 600 Ω·m，但考虑到凝灰岩内部节理裂隙较发育以及测量时冰雪融化等因素影响，其实际电阻率可能偏低。极化率变化特征总体上表现为矿化岩石高于非矿化岩石。测区内不同岩性岩石的密度差异不大，基本相当。测区内岩（矿）石物性参数差异明显，采用 EH-4 物探测量手段来推测矿体深部产部部位、形态等是可行的、合理的。

表 7-3　白容 EH-4 测量采集标本物性参数测定结果

编号	岩石定名	极化率	密度/(g/cm³)	电阻率/(Ω·m)
BR-01	花岗闪长斑岩	4.707	2.55	38 537.70
BR-02	玢岩	8.627	2.60	5 125.33
BR-03	晶屑凝灰岩	0.389	2.77	390 600.00

拟二维视电阻率等值线图（图 7-17）反映了地下存在四种截然不同的电性体：A 层低电

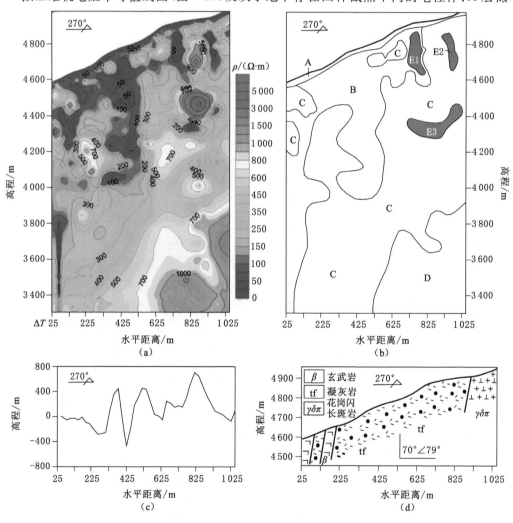

图 7-17　Ⅴ靶区 EH-4 剖面、磁测剖面、地质联合图解

阻体(<50 Ω·m),平行地面分布在剖面顶部,厚约 20 m;B 层低电阻体(50~100 Ω·m),主要分布于剖面中东段浅部、标高 4 000 m 以上地段;C 层中等电阻体(200~600 Ω·m),为等值线主体部分,分布于测线中下部;D 层高阻体(700~1 000 Ω·m 以上),位于剖面右下角。结合测区岩石物性参数测定结果及研究区地质资料等,对拟二维视电阻率等值线图进行综合解译,并绘制地质解译图(图 7-17)。

(1)推测 A 层低电阻体为高原草甸、冰碛层、坡积层;B 层低电阻体为典中组凝灰岩地层,地表已广泛出露;C 层中高阻体为花岗闪长斑岩体,测线西侧已有出露;D 层高阻体可能为隐伏的二长花岗斑岩体。

(2)零星分布于高阻体周边的低阻体,处于高、低阻突变带上,很有可能是斑岩体蚀变矿化引起的铜钼矿化位置。剖面地下存在三处此类低阻体,E1 和 E2 低阻体处在花岗闪长斑岩体和凝灰岩地层的内、外接触带附近,近似等轴状,产状直立,两处异常标高介于4 600~4 800 m,推测为矽卡岩型铜钼矿化引起的异常;E3 低阻体位于花岗闪长斑岩内部,等轴状,长轴近东西向,具有面积型分布的特点,异常中心标高 4 350 m,推测为斑岩型铜钼矿化。

(3)在测线 900 m 和 1 050 m 处观察到大量的绿泥石化、绿帘石化现象(图版Ⅷ-2、Ⅷ-3),对应采集的标本 BR007 和 BR010 制作薄片镜下亦观察到大量的绢云母化蚀变,特别是 BR007 测点处蚀变最为强烈,这与圈定的异常位置恰好吻合,说明本次推测合理。

7.3.5.3　高精度磁测剖面

在白容北部地区开展寻找类似于汤巴拉矽卡岩型矿(化)体的试验性研究,由于矽卡岩型矿石普遍含有高磁性的磁黄铁矿,与围岩存在明显的磁性差异,将会引起正常磁场的变化(磁异常),通过对磁异常的研究有利于寻找有用矿产和查明地下地质结构。在 EH-4 测量剖面的相同位置布设了一条高精度磁测剖面,通过磁、电与地质剖面的综合分析,探测深部矿化信息,指导深部找矿工作。

研究区内主要岩石的磁化率室内测试结果见表 7-4,可以看出,采自汤巴拉矿区的透辉石-绿帘石化矽卡岩的磁化率为 $186×10^{-3}$ SI,远高于测区内花岗闪长斑岩、二长花岗斑岩和凝灰岩的磁化率。这表明测区矿化蚀变岩石与无矿化蚀变岩石存在明显的磁性差异,采用高精度磁测推测地下地质体的变化是可行的、合理的。

表 7-4　测区主要岩石磁化率测试结果

标本	花岗闪长斑岩 (BRC-1)	二长花岗斑岩 (BRC-2)	闪长玢岩 (BRC-3)	绿帘石化矽卡岩 (采自汤巴拉矿 TBL-1)	凝灰岩 (BRC-4)
磁化率/(10^{-3}SI)	6.560	0.044	8.860	186.000	1.000

从图 7-17 可以看出,EH-4 剖面的低阻区位置和高精度磁测磁异常(ΔT)的相对高值位置以及 EH-4 剖面高阻区位置和高精度磁测 ΔT 的相对低值位置均具有较好的对应关系,尤其是 EH-4 测量圈定的 E1、E2、E3 低阻异常位置和高精度磁测 ΔT 的峰值有很好的吻合性,再次验证了 E1、E2、E3 低阻异常为矿致异常的合理性。

7.3.5.4 地质推测模型

通过对汤巴拉矿区的实地踏勘得知,赋矿的典中组第一岩性段凝灰岩地层产状平缓,测量产状为 220°∠5°,汤巴拉 ZK004 钻孔见含磁铁矿型铜矿共四层,顶层见矿标高为 4 730 m,断续厚度约 100 m。ZK004 钻孔位于汤巴拉短轴背斜的南翼,与白容 EH-4 测量剖面直线距离约 860 m。根据典中组地层倾角(5°),白容北部处于汤巴拉背斜南翼延伸的部位,构建白容北部 EH-4 剖面地下见矿深度推测模型(图 7-18),计算得出理论顶层见矿高程为 4 655 m,这与 EH-4 拟二维视电阻率等值线解译出的 E1、E2 低阻异常位置恰好吻合,验证了 EH-4 技术在该区开展找矿工作的有效性。下一步应在距离 ZK004 钻孔 800 m 和 1 000 m 处,东西走向布设两条 EH-4 测量剖面(图 7-18),编号 BR01、BR02,剖面长度各 1 000 m,测点各 40 个,点距 25 m,根据上述推测模型计算得出两条剖面探测出的顶层见矿高程分别为 4 660 m 和 4 642 m。此外还应配合钻探验证工程,开展该地区深部矽卡岩型矿(化)体找矿预测工作。

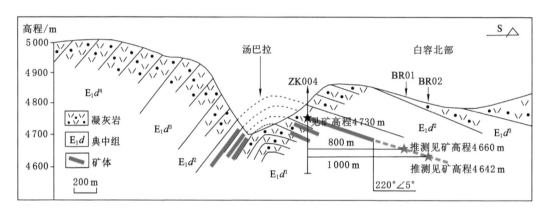

图 7-18　汤巴拉-白容北部地质剖面及矿体埋深推测示意图

8 结 论

本书以岗讲铜钼矿床为研究对象,研究了矿区地质、矿床地质、成岩成矿年代学、矿化富集规律等,探讨了岗讲矿床形成机理,并与驱龙、厅宫典型矿床进行对比,最后对矿区及外围进行找矿预测评价,通过研究,所获主要成果如下:

(1)岗讲铜钼矿床大地构造位于冈底斯-念青唐古拉板片的冈底斯陆缘火山-岩浆弧次级构造单元,成矿带上位于冈底斯带中段。以岗讲 Cu-Ⅰ矿体为主,东段由一系列近南北走向平行产出的板状次级矿体构成,向西陡倾;北段由一系列近东西走向、向南倾斜的板状矿体组成;南段矿体走向北西西,向北北东倾斜。Cu-Ⅰ矿体品位总体偏低,高品位块段较少,Cu 品位值多集中在 0.2%～0.4%,Mo 品位值多集中在 0.01%～0.03%;矿体厚度变化较稳定,北段矿体厚度大于南段矿体,南段矿体品位略高于北段;矿化元素组合在垂向上具有"上铜下钼"的特点。矿床表生金属矿物以孔雀石、蓝铜矿为主,金属硫化物以黄铁矿、黄铜矿和辉钼矿为主;矿石构造以浸染状、细脉浸染状和薄膜状最为常见。

(2)岗讲矿区主要侵入岩体属于高钾钙碱性系列准铝质-弱过铝质 I-S 过渡型花岗岩类,相对偏向 S 型;各侵入岩的稀土元素组成相似,相对富集大离子亲石元素 Rb、Th 和 U,相对亏损高场强元素 Nb、Ta 和 Zr,强烈亏损 HREE、Y 和 Yb,稀土元素分配模式均表现为较弱铕异常的右倾斜平滑曲线,反映岩体之间具有相似的岩浆源区;岗讲主要侵入岩的形成-演化-侵位过程伴随着挤压环境向剪性拉张环境的转变,处于印度-亚洲板块碰撞后的伸展阶段。

(3)岗讲矿区侵入岩中 Cu、Mo、Ag 元素含量由高到低分别为二长花岗斑岩、花岗闪长斑岩和英云闪长玢岩,二长花岗斑岩中具有高的成矿元素背景值;矿化斑岩和非矿化岩石具有相似的稀土、微量元素分配模式,但矿化斑岩中 $\sum$REE、LREE/HREE、$(La/Yb)_N$ 随着矿化强度的增强而表现为连续下降的趋势,反映原岩与矿化斑岩的内在联系,稀土、微量元素在热液活动中呈比例迁出。

(4)采用 LA-ICP-MS 锆石 U-Pb 测年技术,获得岗讲矿区主要侵入岩的形成年龄分别为二长花岗斑岩(16.6±0.3)Ma,花岗闪长斑岩(16.1±0.2)Ma,英云闪长玢岩(14.4±0.4)Ma,并结合野外地质调查,厘定出了岗讲矿区主要侵入岩的演化序列为含巨斑黑云母二长花岗岩→二长花岗斑岩→花岗闪长斑岩→流纹斑岩(深部为英云闪长玢岩)。采用辉钼矿 Re-Os 定年技术,获得岗讲矿床 12 件样品的等时线年龄为(13.6±1.6)Ma,模式年龄加权平均值为(13.4±0.1)Ma。成岩成矿是一个连续的岩浆演化过程,形成于印度-亚洲大陆碰撞造山带的后碰撞伸展构造环境。

(5)岗讲矿区含矿斑岩体中 Cu 元素普遍具有较高的背景值,而 Mo、Ag、Pb、Zn 等元素则为局部富集。主要成矿元素组合为与中酸性岩浆活动有关的 Cu-Mo-Ag-Zn-Pb-Sb 组合。计算出矿体垂向分带序列为 Sb-Mn-Cu1-Mo-Co-Cu2-Ni-As-V-W-Bi-Cd-Zn-Ag-Pb，采用分带指数值$(Cu \times Mo \times Sb)_D / (Pb \times Zn \times Ag)_D$构建矿区深部原生晕找矿模式。

（6）岗讲矿区蚀变带由早到晚依次为钾硅化带、石英绢云母化带、青磐岩化带，泥化带多叠加于其他蚀变带中，其中钾硅化带与铜钼成矿关系最为密切；矿床形成阶段划分为岩浆期，矿化规模大但强度低，以稀疏浸染状、星点状黄铜矿化、黄铁矿化为主，极少辉钼矿化；热液期，以浸染状、细脉状、网脉状黄铜矿化、辉钼矿化为主；表生期，以薄膜状孔雀石化为主；在印度-亚洲大陆碰撞造山的后碰撞伸展构造背景下，岗讲矿床铜钼矿化与中新世两期热液活动密切相关，含矿热液沿岩体裂隙叠加贯入，多期次结晶分异最终形成了品位较高的细脉-浸染型铜钼矿体；岗讲与白容、厅宫、驱龙矿床的对比研究表明，冈底斯带上相对挤压的环境更有利于形成超大型-大型矿床，东西向构造与近南北向（或北东向）成矿期构造的叠加组合更有利于形成品位高的矿床。

（7）在总结找矿标志和找矿准则的基础上，针对不同勘查区的研究程度、地质特征选取不同的勘查技术手段进行找矿预测，在岗讲矿区及外围共圈定 6 处靶区。岗讲西部Ⅰ靶区 EH-4 剖面西侧的 D1 低阻异常空间上连续性好，为矿致异常的可能性较大；白容南部Ⅱ靶区 1∶2 000 地质填图已发现 3 处近东西向分布的矿化体，具有成为白容"第二条"矿（化）带的潜力；绒岗蒙西北部Ⅲ-1、Ⅲ-2 靶区遥感蚀变异常明显，野外踏勘发现规模较大的褐铁矿化带，找矿前景良好；夏庆中部Ⅳ靶区激电测深剖面反映深部存在低阻高极化异常，测线旁侧探槽揭示浅表存在铜矿化体，激电异常位置应布设验证工程；依据白容北部地区、汤巴拉矿区地质特征，推测白容北部Ⅴ靶区具有类似于汤巴拉矽卡岩型铜多金属矿的成矿条件，试验性 EH-4 剖面和高精度磁测剖面反映测线 900～1 050 m 地段深部 4 600～4 800 m 和 4 350 m 存在三处低阻异常，异常位置与地质推测模型计算的理论见矿深度基本一致。

建议在岗讲西部Ⅰ靶区、白容北部Ⅴ靶区 EH-4 异常位置优先布置深部验证工程，并对绒岗蒙西北部Ⅲ-1、Ⅲ-2 褐铁矿化露头进行查证。Ⅰ靶区、Ⅲ-1 和Ⅲ-2 靶区可以实现增加储量、Ⅴ靶区可以实现提高质量的效果。冈底斯成矿带上应注重寻找区域东西向控岩控矿构造与近南北向、北东向成矿期断裂构造的交汇部位。

参 考 文 献

[1] 王安建,高芯蕊. 中国能源与重要矿产资源需求展望[J]. 战略与决策研究,2020,35 (3):338-344.

[2] SILLITOE R H. Porphyry copper systems[J]. Economic Geology,2010,105(1):3-41.

[3] 唐菊兴,王勤,杨超,等.青藏高原两个斑岩-浅成低温热液矿床成矿亚系列及其"缺位找矿"之实践[J]. 矿床地质,2014,33(6):1151-1170.

[4] HALLEY S,DILLES J H,TOSDAL R M. Footprints:hydrothermal alteration and geochemical dispersion around porphyry copper deposits[J]. SEG Discovery,2015(100): 1-17.

[5] COOKE D,HOLLINGS P,WALSHE J. Giant porphyry deposits:characteristics,distribution,and tectonic controls[J]. Economic Geology,2005,100:801-818.

[6] SILLITOE R H. A plate tectonic model for the origin of porphyry copper deposits[J]. Economic Geology,1972,67(2):184-197.

[7] MITCHELL A H G. Metallogenic belts and angle of dip of benioff zones[J]. Nature Physical Science,1973,245(143):49-52.

[8] KERRICH R,GOLDFARB R,GROVES D,et al. The geodynamics of world-class gold deposits:characteristics,space-time distribution,and origins[J]. Society of Economic Geologists Reviews in Economic Geology,2000,13: 501-551.

[9] HOU Z Q,MA H W,KHIN Z,et al. The Himalayan Yulong porphyry copper belt: product of large-scale strike-slip faulting in eastern Tibet[J]. Economic Geology, 2003,98(1):125-145.

[10] ZHENG Y C,HOU Z,LI W,et al. Petrogenesis and geological implications of the Oligocene chongmuda-mingze adakite-like intrusions and their mafic enclaves,southern Tibet[J]. The Journal of Geology,2012,120:647-669.

[11] DU B,YANG Z A,WANG C M,CHEN Q,et al. Petrogenesis of the Eocene Yulong potassic intrusion in non-subduction setting in the Sanjiang Tethys[J]. Geological Journal,2022,1-25.

[12] 陈奇,王长明,祝佳萱,等.斑岩矿床成矿时间尺度的研究进展:以藏东玉龙斑岩铜(钼)矿床为例[J].岩石学报,2022,38(1):109-123.

[13] 张晓旭,唐菊兴,林彬,等.西藏玉龙铜矿带南段马牧普铜多金属矿床矿物学特征[J].地质学报,2022,96(6):2062-2077.

[14] WU S,ZHENG Y Y,SUN X,et al. Origin of the Miocene porphyries and their mafic microgranular enclaves from Dabu porphyry Cu － Mo deposit,southern Tibet:implications for magma mixing/mingling and mineralization[J]. International Geology Review,2014,56:571-595.

[15] 侯增谦,曲晓明,黄卫,等.冈底斯斑岩铜矿成矿带有望成为西藏第二条"玉龙"铜矿带[J].中国地质,2001,28(10):27-29.

[16] 王立强,唐菊兴,郑文宝,等.西藏冈底斯成矿带东段主要钼多金属矿床成矿规律研究[J].地质论评,2014,60(2):363-379.

[17] YANG Z M,GOLDFARD R J,CHANG Z S. Generation of postcollisional porphyry copper deposits in southern Tibet triggered by subduction of the Indian continental plate[J]. Special Publication Society of Economic Geologist,2016,19:279-300.

[18] 朱小三,卢民杰,程文景,等.安第斯与冈底斯成矿带斑岩铜矿床矿物学和成矿斑岩地球化学特征对比[J].地质通报,2017,36(12):2143-2153.

[19] WANG R,WEINBERG R F,COLLINS W J,et al. Origin of postcollisional magmas and formation of porphyry Cu deposits in southern Tibet[J]. Earth-Science Reviews,2018,181:122-143.

[20] WANG R,ZHU D C,WANG Q,et al. Porphyry mineralization in the Tethyan orogen[J]. Science China Earth Sciences,2020,63(12):2042-2067.

[21] LUO C X,WANG R,WEINBERG R F,et al. Isotopic spatial-temporal evolution of magmatic rocks in the Gangdese belt:Implications for the origin of Miocene postcollisional giant porphyry deposits in southern Tibet[J]. Geological Society of America Bulletin,2022,134:316-324.

[22] WANG R,WEINBERG R F,ZHU D C,et al. The impact of a tear in the subducted Indian plate on the Miocene geology of the Himalayan-Tibetan orogen[J]. GSA Bulletin,2022,134(3/4):681-690.

[23] 周敖日格勒,王英,唐菊兴,等.冈底斯斑岩铜矿带东段早中新世剥蚀作用及对渐新世—中新世斑岩矿床时空分布的影响[J].西北地质,2022,55(3):286-296.

[24] 潘桂棠,莫宣学,侯增谦,等.冈底斯造山带的时空结构及演化[J].岩石学报,2006,22(3):521-533.

[25] 侯增谦.大陆碰撞成矿论[J].地质学报,2010,84(1):30-58.

[26] 郎兴海,唐菊兴,陈毓川,等.西藏冈底斯成矿带南缘新特提斯洋俯冲期成矿作用:来自雄村矿集区Ⅰ号矿体的 Re-Os 同位素年龄证据[J].地球科学,2012,37(3):515-525.

[27] 王瑞,罗晨皓,夏文杰,等.冈底斯后碰撞斑岩成矿带高水、高氧逸度岩浆成因研究进展[J].矿物岩石地球化学通报,2021,40(5):1061-1077.

[28] 孟元库,袁昊岐,魏友卿,等.藏南冈底斯岩浆带研究进展与展望[J].高校地质学报,2022,28(1):1-31.

[29] 谢富伟,郎兴海,唐菊兴,等.西藏冈底斯成矿带成矿规律[J].矿床地质,2022,41(5):952-974.

[30] YANG Z M,HOU Z Q,WHITE N C. Geology of the post-collisional porphyry copper-molybdenum deposit at Qulong,Tibet[J]. Ore Geology Reviews,2009,36(1/2/3):133-159.

[31] 曾忠诚,刘德民,王明志,等.西藏冈底斯东段驱龙-甲马地区构造-岩浆演化与成矿[J]. 地质论评,2016,62(3):663-678.

[32] 胡文峰,张烨恺,刘金华,等.西藏冈底斯斑岩型铜钼矿床的 Cu、Mo 同位素组成及其意义[J].地球科学,2019,44(6):1923-1934.

[33] ZHENG W B,TANG J X,ZHONG K H,et al. Geology of the Jiama porphyry copper-polymetallic system,Lhasa Region,China[J]. Ore Geology Reviews,2016,74:151-169.

[34] 林彬,唐菊兴,唐攀,等.斑岩成矿系统多中心复合成矿作用模型:以西藏甲玛超大型矿床为例[J].矿床地质,2019,38(6):1204-1222.

[35] 张泽斌,唐菊兴,唐攀,等.西藏甲玛铜多金属矿床暗色包体岩石成因:对岩浆混合和成矿的启示[J].岩石学报,2019,35(3):934-952.

[36] SUN F,ZHANG J B,WANG R,et al. Magmatic evolution and formation of the giant Jiama porphyry-skarn deposit in southern Tibet[J]. Ore Geology Reviews,2022,145:104889.

[37] ZHENG W B,LIU B L,TANG J X,et al. Exploration indicators of the Jiama porphyry-skarn deposit,southern Tibet,China[J]. Journal of Geochemical Exploration,2022,236:106982.

[38] 冷秋锋,唐菊兴,郑文宝,等.西藏甲玛超大型矿床矽卡岩矿物组合及其分带模式[J]. 地质学报,2022,96(2):574-591.

[39] 陈红瑾,王立强,胡古月,等.西藏甲玛铜多金属矿床流体包裹体研究[J].矿床地质, 2022,41(2):303-323.

[40] WANG L Q,TANG J X,CHENG W B,et al. Origin of the ore-forming fluids and metals of the Bangpu porphyry Mo-Cu deposit of Tibet,China:constraints from He-Ar,H-O,S and Pb isotopes[J]. Journal of Asian Earth Sciences,2015,103:276-287.

[41] 李壮,王立强,张忠,等.西藏邦铺斑岩钼(铜)多金属矿床侵入岩锆石微量元素特征及其地质意义[J].地球科学与环境学报,2015,37(6):59-71.

[42] 赵晓燕,杨竹森,张雄,等.西藏邦铺斑岩矿床黑云二长花岗岩的形成时代及地球化学特征[J].矿物岩石地球化学通报,2017,36(5):786-796.

[43] 李森,孙祥,郑有业,等.西藏冈底斯朱诺斑岩型铜矿床流体包裹体特征[J].岩石学报, 2015,31(5):1335-1347.

[44] 戴婕,倪师军,黄勇,等.西藏朱诺斑岩型 Cu-Mo 矿床成矿斑岩金红石成因及找矿指示意义[J].地质学报,2018,92(6):1228-1239.

[45] HOU Z Q,DUAN L F,LU Y J,et al. Lithospheric architecture of the Lhasa Terrance and its control on ore deposits in the Himalayan-Tibetan orogeny[J]. Economic Geology,2015,110:1541-1575.

[46] 唐菊兴,王立强,郑文宝,等.冈底斯成矿带东段矿床成矿规律及找矿预测[J].地质学报,2014,88(12):2545-2555.

[47] LIU P,WU S,ZHENG Y Y,et al. Geology and factors controlling the formation of the newly discovered Beimulang porphyry Cu deposit in the western Gangdese, southern Tibet[J]. Ore Geology Reviews,2022,144:104823.

[48] 胡光龙.西藏尼木斑岩铜多金属矿区后续地质勘查思考[J].云南地质,2011,30(4):394-397.

[49] 冷成彪,张兴春,周维德.西藏尼木地区岗讲斑岩铜-钼矿床地质特征及锆石 U-Pb 年龄[J].地学前缘,2010,17(2):185-197.

[50] 杨震,姜华,杨明国,等.冈底斯中段岗讲斑岩铜钼矿床锆石 U-Pb 和辉钼矿 Re-Os 年代学及其地质意义[J].地球科学,2017,42(3):339-356.

[51] 姜华,李文昌,张雄,等.西藏岗讲斑岩铜钼矿床花岗闪长斑岩锆石 U-Pb 年代学及地球化学特征[J].矿物岩石地球化学通报,2020,39(5):961-972.

[52] 杨震,杨明国,梅红波,等.西藏尼木岗讲斑岩铜钼矿床地质特征及成矿机理[J].有色金属工程,2018,8(4):106-110.

[53] 田丰,冷成彪,张兴春,等.富挥发分岩浆补给对斑岩型铜-钼矿床形成的关键作用:以西藏尼木岗讲矿床为例[J].岩石学报,2021,37(9):2889-2909.

[54] 杨震,杨明国,梅红波,等.西藏尼木岗讲斑岩铜钼矿床地质特征及深部找矿预测[J].金属矿山,2017(4):105-112.

[55] 杨明国,杨震,王正海,等.EH4 成像技术在冈底斯斑岩铜矿勘探中的应用:以西藏尼木岗讲铜矿为例[J].地质科技情报,2017,36(4):133-137.

[56] 田丰,冷成彪,张兴春,等.短波红外光谱技术在西藏尼木地区岗讲斑岩铜-钼矿床中的应用[J].地球科学,2019,44(6):2143-2154.

[57] 王小春,晏子贵,周维德,等.初论西藏冈底斯带中段尼木西北部斑岩铜矿地质特征[J].地质与勘探,2002,38(1):5-8.

[58] 徐德章.西藏尼木县厅宫、白容铜矿区矿床地质的几个问题[J].地质找矿论丛,2006,21(增刊):15-19.

[59] 李金祥,秦克章,李光明,等.冈底斯中段尼木斑岩铜矿田的 K-Ar,[40]Ar-[39]Ar 年龄:对岩浆-热液系统演化和成矿构造背景的制约[J].岩石学报,2007,23(5):953-966.

[60] 郑有业,高顺宝,程力军,等.西藏冲江大型斑岩铜(钼金)矿床的发现及意义[J].地球科学,2004,29(3):333-339.

[61] 刘波,李光明,李胜荣.西藏冲江铜矿含矿岩体与非含矿岩体区分探讨[J].沉积与特提斯地质,2004,24(4):55-58.

[62] 孔牧,刘华忠,杨少平.西藏冲江铜矿区及其外围找矿前景地球化学评价[J].地质与勘探,2007,43(6):7-11.

[63] 晏子贵,李作华.西藏冈底斯尼木地区斑岩铜矿地质特征与找矿标志[J].四川地质学报,2007,27(2):99-103.

[64] 孟祥金,侯增谦,李振清.西藏冈底斯三处斑岩铜矿床流体包裹体及成矿作用研究[J].

矿床地质,2005,24(4)：398-407.

[65] 李光明,王高明,高大发,等. 西藏冈底斯铜矿资源前景与找矿方向[J]. 矿床地质,
2002,21(增刊):144-147.

[66] 芮宗瑶,黄崇轲,齐国明,等.中国斑岩铜(钼)矿床[M].北京:地质出版社,1984.

[67] 芮宗瑶,侯增谦,曲晓明,等.冈底斯斑岩铜矿成矿时代及青藏高原隆升[J].矿床地质,
2003,22(3)：217-225.

[68] 芮宗瑶,侯增谦,李光明,等.冈底斯斑岩铜矿成矿模式[J].地质论评,2006,52(4)：
459-466.

[69] 侯增谦,曲晓明,王淑贤,等.西藏高原冈底斯斑岩铜矿带辉钼矿 Re-Os 年龄:成矿作用
时限与动力学背景应用[J].中国科学(D辑),2003(7):609-618.

[70] 侯增谦,钟大赉,邓万明.青藏高原东缘斑岩铜钼金成矿带的构造模式[J].中国地质,
2004,31(1)：1-14.

[71] 侯增谦,杨竹森,徐文艺,等.青藏高原碰撞造山带:Ⅰ.主碰撞造山成矿作用[J].矿床
地质,2006,25(4)：337-358.

[72] 霍艳,温春齐.西藏冈底斯成矿带铜矿床成矿流体来源分析[J].矿床地质,2010,29(增
刊):579-580.

[73] 葛良胜,邓军,杨立强,等.西藏冈底斯地块中新生代中酸性侵入岩浆活动与构造演化
[J].地质与资源,2006,15(1):1-10.

[74] 孙忠军,任天祥,向运川.西藏冈底斯东段成矿系列区域地球化学预测[J].中国地质,
2003,30(1)：105-112.

[75] 郑有业,王保生,樊子珲,等. 西藏冈底斯东段构造演化及铜金多金属成矿潜力分析
[J]. 地质科技情报,2002,21(2):55-60.

[75] 郑有业,王保生,樊子珲,等.西藏冈底斯东段构造演化及铜金多金属成矿潜力分析
[J].地质科技情报,2002,21(2)：55-60.

[76] 佘宏全,李光明,董英君,等.西藏冈底斯多金属成矿带斑岩铜矿定位预测与资源潜力
评价[J].矿床地质,2009,28(6)：803-814.

[77] 郑有业,多吉,王瑞江,等.西藏冈底斯巨型斑岩铜矿带勘查研究最新进展[J].中国地
质,2007,34(2)：324-334.

[78] RICHARDS J P,BOYCE A J,PRINGLE M S. Geologic evolution of the escondida ar-
ea,northern Chile:a model for spatial and temporal localization of porphyry Cu min-
eralization[J]. Economic Geology,2001,96(2):271-305.

[79] RICHARDS J P. Tectono-magmatic precursors for porphyry Cu-(Mo-Au) deposit
formation[J]. Economic Geology,2003,98(8):1515-1533.

[80] RICHARDS J P,KERRICH R. Special paper:adakite-like rocks:their diverse origins
and questionable role in metallogenesis [J]. Economic Geology, 2007, 102 (4):
537-576.

[81] HEINRICH C A,GÜNTHER D,AUDÉTAT A,et al. Metal fractionation between
magmatic brine and vapor,determined by microanalysis of fluid inclusions[J]. Geolo-

gy,1999,27(8):755.

[82] ULRICH T,GÜNTHER D,HEINRICH C A. Gold concentrations of magmatic brines and the metal budget of porphyry copper deposits[J]. Nature,1999,399 (6737):676-679.

[83] HARRIS A C,KAMENETSKY V S,WHITE N C,et al. Melt inclusions in veins: linking magmas and porphyry Cu deposits[J]. Science,2003,302(5653):2109-2111.

[84] HALTER W E,HEINRICH C A,PETTKE T. Magma evolution and the formation of porphyry Cu-Au ore fluids:evidence from silicate and sulfide melt inclusions[J]. Mineralium Deposita,2005,39(8):845-863.

[85] NAGASEKI H,HAYASHI K I. Experimental study of the behavior of copper and zinc in a boiling hydrothermal system[J]. Geology,2008,36(1):27.

[86] RUSK B G,REED M H,DILLES J H,et al. Compositions of magmatic hydrothermal fluids determined by LA-ICP-MS of fluid inclusions from the porphyry copper-molybdenum deposit at Butte,MT[J]. Chemical Geology,2004,210(1/2/3/4):173-199.

[87] REDMOND P B,EINAUDI M T,INAN E E,et al. Copper deposition by fluid cooling in intrusion-centered systems:new insights from the Bingham porphyry ore deposit, Utah[J]. Geology,2004,32(3):217.

[88] HARRIS A C,GOLDING S D,WHITE N C. Bajo de la alumbrera copper-gold deposit:stable isotope evidence for a porphyry-related hydrothermal system dominated by magmatic aqueous fluids[J]. Economic Geology,2005,100(5):863-886.

[89] HARRIS A C,KAMENETSKY V S,WHITE N C,et al. Volatile phase separation in silicic magmas at bajo de la alumbrera porphyry Cu-Au deposit,NW Argentina[J]. Resource Geology,2004,54(3):341-356.

[90] HEINRICH C A. The physical and chemical evolution of low-salinity magmatic fluids at the porphyry to epithermal transition:a thermodynamic study[J]. Mineralium Deposita,2005,39(8):864-889.

[91] 冶金工业部地质研究所.中国斑岩铜矿[M].北京:科学出版社,1984.

[92] KESLER S E. Copper,molybdenum and gold abundances in porphyry copper deposits [J]. Economic Geology,1973,68(1):106-112.

[93] TAYLOR D,LEEUWEN T V. Porphyry type deposit in southwest Asia[J]. Mining Geology Special Issue,1980,8:159-174.

[94] 王之田.大型铜矿地质与找矿[M].北京:冶金工业出版社,1994.

[95] 侯增谦,杨志明.中国大陆环境斑岩型矿床:基本地质特征、岩浆热液系统和成矿概念模型[J].地质学报,2009,83(12):1779-1817.

[96] SILLITOE R H. Some thoughts on gold-rich porphyry copper deposits[J]. Mineralium Deposita,1979,14(2):161-174.

[97] KIRKHAM R V,SINCLAIR W D. Porphyry copper,gold,molybdenum,tungsten, tin,silver[M]//Geology of Canadian Mineral Deposit Types. [S.1]:Geological Socie-

ty of America,2015:421-446.

[98] KESLER S E,CHRYSSOULIS S L,SIMON G. Gold in porphyry copper deposits:its abundance and fate[J]. Ore Geology Reviews,2002,21(1/2):103-124.

[99] 夏斌,陈根文,王核. 全球超大型斑岩铜矿床形成的构造背景分析[J]. 中国科学(D辑),2002(S1):87-95.

[100] 芮宗瑶,李光明,张立生,等. 西藏斑岩铜矿对重大地质事件的响应[J]. 地学前缘,2004,11(1): 145-152.

[101] 陈军强,张超,李志丹. 斑岩型铜矿床研究现状与进展[J]. 中国矿业,2012,21(12):67-73.

[102] 毛景文,罗茂澄,谢桂青,等. 斑岩铜矿床的基本特征和研究勘查新进展[J]. 地质学报,2014,88(12):2153-2175.

[103] 侯增谦,杨志明,王瑞,等. 再论中国大陆斑岩 Cu-Mo-Au 矿床成矿作用[J]. 地学前缘,2020,27(2):20-44.

[104] 王瑞,朱弟成,王青,等. 特提斯造山带斑岩成矿作用[J]. 中国科学:地球科学,2020,50(12):1919-1946.

[105] 夏斌,涂光炽,陈根文,等. 超大型斑岩铜矿床形成的全球地质背景[J]. 矿物岩石地球化学通报,2000,19(4): 406-408.

[106] XIA B,CHEN G W,WANG H. Analysis of tectonic settings of global superlarge porphyry copper deposits[J]. Science in China Series D:Earth Sciences,2003,46(1): 110-122.

[107] HEDENQUIST J W,ARRIBAS A,REYNOLDS T J. Evolution of an intrusion-centered hydrothermal system:Far Southeast-Lepanto porphyry and epithermal Cu-Au deposits,Philippines[J]. Economic Geology,1998,93(4):373-404.

[108] 唐菊兴,黄勇,李志军,等. 西藏谢通门县雄村铜金矿床元素地球化学特征[J]. 矿床地质,2009,28(1):15-28.

[109] 郎兴海,陈毓川,唐菊兴,等. 西藏谢通门县雄村斑岩型铜金矿床成因讨论:来自元素的空间分布特征的证据[J]. 地质论评,2010,56(3):384-402.

[110] 郎兴海,郭文铂,王旭辉,等. 西藏雄村矿集区含矿斑岩成因及构造意义:来自年代学及地球化学的约束[J]. 岩石学报,2019,35(7):2105-2123.

[111] 肖鸿天,谢富伟,郎兴海,等. 西藏雄村斑岩型铜(金)矿床Ⅰ、Ⅱ号矿体热液黑云母特征及地质意义[J]. 岩石矿物学杂志,2020,39(4):469-480.

[112] 李金祥,李光明,秦克章,等. 班公湖带多不杂富金斑岩铜矿床斑岩-火山岩的地球化学特征与时代:对成矿构造背景的制约[J]. 岩石学报,2008,24(3):531-543.

[113] 黄德晶. 西藏多不杂—波龙矿集区铜矿床地质特征及找矿预测模型[J]. 金属矿山,2017(11):127-131.

[114] 李云强,费光春,温春齐,等. 西藏多龙矿集区波龙、多不杂斑岩铜金矿床岩体锆石 Ce^{4+}/Ce^{3+} 比值及氧逸度特征[J]. 矿物岩石,2020,40(2):59-70.

[115] SINGER D A,BERGER V I,MENZIE W D,et al. Porphyry copper deposit density

[J]. Economic Geology,2005,100(3):491-514.

[116] 何迪,谭俊,刘晓阳,等.湖北大冶铜山口斑岩-矽卡岩型铜钼矿床包裹体特征及流体演化意义[J].地质科技通报,2020(5):97-108.

[117] 袁峰,周涛发,王世伟,等.安徽庐枞沙溪斑岩铜矿蚀变及矿化特征研究[J].岩石学报,2012,28(10):3099-3112.

[118] 吴火星,付斌,高任,等.九江城门山铜矿新发现矿体特征分析及找矿潜力预测[J].东华理工大学学报(自然科学版),2020,43(2):115-120.

[119] 高任,谢桂青,查志强,等.江西城门山铜矿床伴生稀散金属矿化特征及其地质意义[J].地质与勘探,2022,58(3):514-531.

[120] 朱训,黄崇轲,芮宗瑶,等.德兴斑岩铜矿[M].北京:地质出版社,1983.

[121] 陈柏林,高允.江西德兴铜厂斑岩铜矿床细脉型矿体含矿裂隙系统研究[J].矿床地质,2022,41(6):1093-1107.

[122] 侯增谦,潘小菲,杨志明,等.初论大陆环境斑岩铜矿[J].现代地质,2007,21(2):332-351.

[123] 赵文津.大型斑岩铜矿成矿的深部构造岩浆活动背景[J].中国地质,2007,34(2):179-205.

[124] MISRA K C. Understanding mineral deposits[M]. Dordrecht:Kluwer Academic,2000.

[125] 侯增谦,王二七,莫宣学.青藏高原碰撞造山与成矿作用[M].北京:地质出版社,2008.

[126] SILLITOE R H. Gold-rich porphyry deposits:descriptive and genetic models and their role in exploration and discovery[J]. Reviews in Economic Geology,2000,13:315-345.

[127] 周云满,周癸武,张长青,等.滇西北衙金多金属矿床成矿构造特征及地质勘查意义[J].大地构造与成矿学,2021,45(2):308-326.

[128] 娄德波,李其在,周云满,等.滇西北衙地区基于矿化类型及其分带的金多金属找矿预测[J].矿床地质,2022,41(4):702-721.

[129] RICHARDS J P. Cumulative factors in the generation of giant calc-alkaline porphyry Cu deposits[A]. In:Porter T M,ed. Super porphyry copper & gold deposits[C]. PGC Publishing,2005,1:7-25.

[130] NOLL P D,NEWSOM H E,LEEMAN W P,et al. The role of hydrothermal fluids in the production of subduction zone magmas:evidence from siderophile and chalcophile trace elements and boron[J]. Geochimica et Cosmochimica Acta,1996,60(4):587-611.

[131] DE HOOG J C M,MASON P R D,VAN BERGEN M J. Sulfur and chalcophile elements in subduction zones:constraints from a laser ablation ICP-MS study of melt inclusions from Galunggung Volcano,Indonesia[J]. Geochimica et Cosmochimica Acta,2001,65(18):3147-3164.

[132] DEFANT M J,DRUMMOND M S. Derivation of some modern arc magmas by melt-

ing of young subducted lithosphere[J]. Nature,1990,347(6294):662-665.

[133] PEACOCK S M,RUSHMER T,THOMPSON A B. Partial melting of subducting oceanic crust[J]. Earth and Planetary Science Letters,1994,121(1/2):227-244.

[134] MARTIN H. Adakitic magmas:modern analogues of archaean granitoids[J]. Lithos, 1999,46(3):411-429.

[135] YOGODZINSKI G M,LEES J M,CHURIKOVA T G,et al. Geochemical evidence for the melting of subducting oceanic lithosphere at plate edges[J]. Nature,2001, 409(6819):500-504.

[136] HILDRETH W,MOORBATH S. Crustal contributions to arc magmatism in the Andes of Central Chile[J]. Contributions to Mineralogy and Petrology,1988,98(4): 455-489.

[137] TATSUMI Y. Formation of the volcanic front in subduction zones[J]. Geophysical Research Letters,1986,13(8):717-720.

[138] ARCULUS R J. Aspects of magma genesis in arcs[J]. Lithos,1994,33(1/2/3):189-208.

[139] SHINOHARA H,HEDENQUIST J W. Constraints on magma degassing beneath the far southeast porphyry Cu-Au deposit, Philippines[J]. Journal of Petrology, 1997,38(12):1741-1752.

[140] CLOOS M. Bubbling magma chambers,cupolas,and porphyry copper deposits[J]. International Geology Review,2001,43(4):285-311.

[141] 张旗,王焰,钱青,等. 中国东部燕山期埃达克岩的特征及其构造-成矿意义[J]. 岩石学报,2001,17(2):236-244.

[142] 侯增谦,孟祥金,曲晓明,等. 西藏冈底斯斑岩铜矿带埃达克质斑岩含矿性:源岩相变及深部过程约束[J]. 矿床地质,2005,24(2):108-121.

[143] LOWELL J D,GUILBERT J M. Lateral and vertical alteration-mineralization zoning in porphyry ore deposits[J]. Economic Geology,1970,65(4):373-408.

[144] SILLITOE R H. Geology of the los pelambres porphyry copper deposit,Chile[J]. Economic Geology,1973,68(1):1-10.

[145] HOLLISTER V F,POTTER R R,BARKER A L. Porphyry-type deposits of the Appalachian orogen[J]. Economic Geology,1974,69(5):618-630.

[146] EASTOE C J. Sulfur isotope data and the nature of the hydrothermal systems at the Panguna and Frieda porphyry copper deposits,Papua New Guinea[J]. Economic Geology,1983,78(2):201-213.

[147] DILLES J H,EINAUDI M T. Wall-rock alteration and hydrothermal flow paths about the Ann-Mason porphyry copper deposit,Nevada:a 6-km vertical reconstruction[J]. Economic Geology,1992,87(8):1963-2001.

[148] ULRICH T,HEINRICH C A. Geology and alteration geochemistry of the porphyry Cu-Au deposit at bajo de la alumbrera,Argentina[J]. Economic Geology,2001,96

(8):1719-1742.

[149] PROFFETT J M. Geology of the bajo de la alumbrera porphyry copper-gold deposit, Argentina[J]. Economic Geology,2003,98(8):1535-1574.

[150] SEEDORFF E. Henderson porphyry molybdenum system,Colorado: I. sequence and abundance of hydrothermal mineral assemblages, flow paths of evolving fluids, and evolutionary style[J]. Economic Geology,2004,99(1):3-37.

[151] SEEDORFF E. Henderson porphyry molybdenum system,Colorado: II. decoupling of introduction and deposition of metals during geochemical evolution of hydrothermal fluids[J]. Economic Geology,2004,99(1):39-72.

[152] HARRIS A C,GOLDING S D. New evidence of magmatic-fluid-related phyllic alteration:implications for the genesis of porphyry Cu deposits[J]. Geology, 2002, 30 (4):335.

[153] 李光明,刘波,屈文俊,等.西藏冈底斯成矿带的斑岩-矽卡岩成矿系统:来自斑岩矿床和矽卡岩型铜多金属矿床的 Re-Os 同位素年龄证据[J].大地构造与成矿学,2005,29 (4):482-490.

[154] 唐菊兴,丁帅,孟展,等.西藏林子宗群火山岩中首次发现低硫化型浅成低温热液型矿床:以斯弄多银多金属矿为例[J].地球学报,2016,37(4):461-470.

[155] 黄瀚霄,张林奎,刘洪,等.西藏冈底斯成矿带西段矿床类型、成矿作用和找矿方向 [J].地球科学,2019,44(6): 1876-1887.

[156] 张振飞,张红军,詹云军,等.西藏尼木铜多金属矿区域成矿地质背景及成矿多样性研究[R].武汉:中国地质大学(武汉),2014.

[157] 施美凤,李亚林,于学政.西藏冈底斯地区水系格局与新构造活动关系的遥感研究 [J].国土资源遥感,2008,20(3): 69-74.

[158] 莫宣学,赵志丹,邓晋福,等.印度-亚洲大陆主碰撞过程的火山作用响应[J].地学前缘,2003,10(3): 135-148.

[159] 莫宣学,董国臣,赵志丹,等.西藏冈底斯带花岗岩的时空分布特征及地壳生长演化信息[J].高校地质学报,2005,11(3): 281-290.

[160] 张刚阳,郑有业,龚福志,等.西藏吉如斑岩铜矿:与陆陆碰撞过程相关的斑岩成岩成矿时代约束[J].岩石学报,2008,24(3):473-479.

[161] 董国臣,莫宣学,赵志丹,等.西藏冈底斯南带辉长岩及其所反映的壳幔作用信息[J].岩石学报,2008,24(2): 203-210.

[162] CHUNG S,LIU D Y,JI J,et al. Adakites from continental collision zones:melting of thickened lower crust beneath southern Tibet[J]. Geology,2003,31:1021-1024.

[163] 吴福元,黄宝春,叶凯,等.青藏高原造山带的垮塌与高原隆升[J].岩石学报,2008,24 (1):1-30.

[164] MO X X,NIU Y L,DONG G C,et al.. Contribution of syncollisional felsic magmatism to continental crust growth:a case study of the Paleogene Linzizong volcanic Succession in southern Tibet[J]. Chemical Geology,2008,250(1/2/3/4):49-67.

[165] 杨志明,侯增谦,宋玉财,等.西藏驱龙超大型斑岩铜矿床:地质、蚀变与成矿[J].矿床地质,2008,27(3):279-318.

[166] 张宏飞,徐旺春,郭建秋,等.冈底斯印支期造山事件:花岗岩类锆石 U-Pb 年代学和岩石成因证据[J].地球科学,2007,32(2):155-166.

[167] 纪伟强,吴福元,锺孙霖,等.西藏南部冈底斯岩基花岗岩时代与岩石成因[J].中国科学(D 辑),2009(7):849-871.

[168] 朱弟成,潘桂棠,王立全,等.西藏冈底斯带侏罗纪岩浆作用的时空分布及构造环境[J].地质通报,2008,27(4):458-468.

[169] WEN D R,LIU D Y,CHUNG S L,et al. Zircon SHRIMP U-Pb ages of the Gangdese Batholith and implications for Neotethyan subduction in southern Tibet[J]. Chemical Geology,2008,252(3/4):191-201.

[170] JI W Q,WU F Y,CHUNG S L,et al. Zircon U-Pb geochronology and Hf isotopic constraints on petrogenesis of the Gangdese batholith,southern Tibet[J]. Chemical Geology,2009,262(3/4):229-245.

[171] MO X X,DONG G C,ZHAO Z D,et al. Timing of magma mixing in Gangdise magmatic belt during the India-Asia collision:zircon SHIRMP U-Pb dating[J]. Acta Geologica Sinica,2005,79(1):66-76.

[172] CHU M F,CHUNG S L,SONG B,et al. Zircon U-Pb and Hf isotope constraints on the Mesozoic tectonics and crustal evolution of southern Tibet[J]. Geology,2006,34(9):745.

[173] 杨志明,侯增谦,江迎飞,等.西藏驱龙矿区早侏罗世斑岩的 Sr-Nd-Pb 及锆石 Hf 同位素研究[J].岩石学报,2011,27(7):2003-2010.

[174] ZHU D C,ZHAO Z D,NIU Y L. The Lhasa Terrane:record of a microcontinent and its histories of drift and growth[J]. Earth and Planetary Science Letters,2011,301(1/2):241-255.

[175] 赵志丹,莫宣学,Nomade S,等.青藏高原拉萨地块碰撞后超钾质岩石的时空分布及其意义[J].岩石学报,2006,22(4):787-794.

[176] HOU Z Q,ZENG P S,GAO Y F,et al. Himalayan Cu-Mo-Au mineralization in the eastern Indo-Asian collision zone:constraints from re-Os dating of molybdenite[J]. Mineralium Deposita,2006,41(1):33-45.

[177] GAO Y F,HOU Z Q,KAMBER B S,et al. Adakite-like porphyries from the southern Tibetan continental collision zones:evidence for slab melt metasomatism[J]. Contributions to Mineralogy and Petrology,2007,153(1):105-120.

[178] CHUNG S L,CHU M F,JI J Q,et al. The nature and timing of crustal thickening in Southern Tibet:Geochemical and zircon Hf isotopic constraints from postcollisional adakites[J]. Tectonophysics,2009,477(1/2):36-48.

[179] XU W C,ZHANG H F,GUO L,et al. Miocene high Sr/Y magmatism,south Tibet:product of partial melting of subducted Indian continental crust and its tectonic im-

plication[J]. Lithos,2010,114(3/4):293-306.

[180] QU X M,HOU Z Q,LI Y G. Melt components derived from a subducted slab in late orogenic ore-bearing porphyries in the Gangdese copper belt,southern Tibetan Plateau[J]. Lithos,2004,74(3/4):131-148.

[181] QU X M,HOU Z,ZAW K,et al. Characteristics and genesis of Gangdese porphyry copper deposits in the southern Tibetan Plateau:preliminary geochemical and geochronological results[J]. Ore Geology Reviews,2007,31:205-223.

[182] YIN A,HARRISON T M. Geologic evolution of the Himalayan-Tibetan orogen[J]. Annual Review of Earth and Planetary Sciences,2000,28:211-280.

[183] DING L,KAPP P,WAN X Q. Paleocene-Eocene record of ophiolite obduction and initial India-Asia collision,south central Tibet[J]. Tectonics,2005,24(3): 1-18.

[184] COPELAND P,HARRISON T M,KIDD W S F,et al. Rapid early Miocene acceleration of uplift in the Gangdese Belt,Xizang (southern Tibet),and its bearing on accommodation mechanisms of the India-Asia collision[J]. Earth and Planetary Science Letters,1987,86(2/3/4):240-252.

[185] HARRISON T M,COPELAND P,KIDD W S F,et al. Raising Tibet[J]. Science, 1992,255(5052):1663-1670.

[186] WILLIAMS H,TURNER S,KELLEY S,et al. Age and composition of dikes in Southern Tibet:new constraints on the timing of east-west extension and its relationship to postcollisional volcanism[J]. Geology,2001,29(4):339.

[187] COLEMAN M,HODGES K. Evidence for Tibetan Plateau uplift before 14 Myr ago from a new minimum age for east-west extension[J]. Nature,1995,374(6517): 49-52.

[188] BLISNIUK P M,HACKER B R,GLODNY J,et al. Normal faulting in central Tibet since at least 13. 5 Myr ago[J]. Nature,2001,412(6847):628-632.

[189] COULON C,MALUSKI H,BOLLINGER C,et al. Mesozoic and Cenozoic volcanic rocks from central and southern Tibet:39Ar-40Ar dating,petrological characteristics and geodynamical significance[J]. Earth and Planetary Science Letters,1986, 79:281-302.

[190] TURNER S,HAWKESWORTH C,LIU J Q,et al. Timing of Tibetan uplift constrained by analysis of volcanic rocks[J]. Nature,1993,364(6432):50-54.

[191] MILLER C,SCHUSTER R,KLÖTZLI U,et al. Post-collisional potassic and ultrapotassic magmatism in SW Tibet:geochemical and Sr-Nd-Pb-O isotopic constraints for mantle source characteristics and petrogenesis[J]. Journal of Petrology,1999,40 (9):1399-1424.

[192] 侯增谦,王二七. 印度-亚洲大陆碰撞成矿作用主要研究进展[J]. 地球学报,2008,29 (3):275-292

[193] 江思宏,聂凤军,刘翼飞. 西藏马攸木金矿床的矿床类型讨论[J]. 矿床地质,2008,27

（2）：220-229.

[194] 李光明,李金祥,秦克章,等.西藏多不杂超大型富金斑岩铜矿的蚀变-矿化特征及高氧化成矿流体初步研究[J].矿床地质,2006,25（增刊）:411-414.

[195] 侯增谦,潘桂棠,王安建,等.青藏高原碰撞造山带:Ⅱ.晚碰撞转换成矿作用[J].矿床地质,2006,25(5):521-543.

[196] 孟祥金,侯增谦,叶培盛,等.西藏冈底斯银多金属矿化带的基本特征与成矿远景分析[J].矿床地质,2007,26(2):153-162.

[197] 陈守余,赵江南,鲁显松,等.西藏尼木铜多金属矿矿床地质特征及矿床谱系研究[R].武汉:中国地质大学（武汉）,2014.

[198] WU F Y,JAHN B M,WILDE S A,et al. Highly fractionated I-type granites in NE China (I):geochronology and petrogenesis[J]. Lithos,2003,66(3/4):241-273.

[199] 冷秋锋,唐菊兴,郑文宝,等.西藏拉抗俄斑岩 Cu-Mo 矿床含矿斑岩地球化学、锆石 U-Pb 年代学及 Hf 同位素组成[J].地球科学,2016,41(6):999-1015.

[200] PEARCE J A,NORRY M J. Petrogenetic implications of Ti,Zr,Y,and Nb variations in volcanic rocks[J]. Contributions to Mineralogy and Petrology,1979,69(1):33-47.

[201] TATSUMI Y,HAMILTON D L,NESBITT R W. Chemical characteristics of fluid phase released from a subducted lithosphere and origin of arc magmas:evidence from high-pressure experiments and natural rocks[J]. Journal of Volcanology and Geothermal Research,1986,29(1/2/3/4):293-309.

[202] DEFANT M J,DRUMMOND M S. Mount St. Helens:potential example of the partial melting of the subducted lithosphere in a volcanic arc[J].Geology,1993,21(6):547.

[203] CHAPPELL B W,WHITE A J R. I- and S-type granites in the Lachlan fold belt [J]. Earth and Environmental Science Transactions of the Royal Society of Edinburgh,1992,83(1/2):1-26.

[204] 邓晋福,刘翠,冯艳芳,等.关于火成岩常用图解的正确使用:讨论与建议[J].地质论评,2015,61(4):717-734.

[205] 王中刚,于学元,赵振华.稀土元素地球化学[M].北京:科学出版社,1989.

[206] ALDERTON D H M,PEARCE J A,POTTS P J. Rare earth element mobility during granite alteration:evidence from southwest England[J]. Earth and Planetary Science Letters,1980,49(1):149-165.

[207] FLYNN R T,BURNHAM C W. An experimental determination of rare earth partition coefficients between a chloride containing vapor phase and silicate melts[J]. Geochimica et Cosmochimica Acta,1978,42(6):685-701.

[208] SUN S S,MCDONOUGH W F. Chemical and isotopic systematics of oceanic basalts:implications for mantle composition and processes[J]. Geological Society,London,Special Publications,1989,42(1):313-345.

[209] 宋彪,张玉海,万渝生,等.锆石 SHRIMP 样品靶制作、年龄测定及有关现象讨论[J].地质论评,2002,48(增刊):26-30.

[210] LIU Y S,GAO S,HU Z C,et al. Continental and oceanic crust recycling-induced melt-peridotite interactions in the trans-north China orogen:U-Pb dating, Hf isotopes and trace elements in zircons from mantle xenoliths[J]. Journal of Petrology, 2010,51(1/2):537-571.

[211] ANDERSEN T. Correction of common lead in U-Pb analyses that do not report [204]Pb[J]. Chemical Geology,2002,192(1/2):59-79.

[212] LUDWIG K R. A geochronological toolkit for microsoft excel[M]. Berkeley:Geochronology Center,1999.

[213] 侯可军,李延河,田有荣.LA-MC-ICP-MS 锆石微区原位 U-Pb 定年技术[J].矿床地质,2009,28(4):481-492.

[214] 吴元保,郑永飞.锆石成因矿物学研究及其对 U-Pb 年龄解释的制约[J].科学通报,2004,49(16):1589-1602.

[215] 高一鸣,陈毓川,唐菊兴,等.西藏曲水县达布斑岩铜(钼)矿床成岩成矿年代学研究[J].地球学报,2012,33(4):613-623.

[216] 郑有业,张刚阳,许荣科,等.西藏冈底斯朱诺斑岩铜矿床成岩成矿时代约束[J].科学通报,2007,52(21):2542-2548.

[217] 林武,梁华英,张玉泉,等.冈底斯铜矿带冲江含矿斑岩的岩石化学及锆石 SHRIMP 年龄特征[J].地球化学,2004,33(6):585-592.

[218] 曲晓明,侯增谦,莫宣学,等.冈底斯斑岩铜矿与南部青藏高原隆升之关系:来自含矿斑岩中多阶段锆石的证据[J].矿床地质,2006,25(4):388-400.

[219] MCCANDLESS T E,RUIZ J R,CANPBELL A R. Rhenium behavior in molybdenite in hypogene and near-surface environments:implications for re-Os geochronometry [J]. Geochimica et Cosmochimica Acta,1993,57(4):889-905.

[220] 杜安道,何红蓼,殷宁万,等.辉钼矿的铼-锇同位素地质年龄测定方法研究[J].地质学报,1994,68(4):339-347.

[221] 王辉,任云生,赵华雷,等.吉林安图刘生店钼矿床辉钼矿 Re-Os 同位素定年及其地质意义[J].地球学报,2011,32(6):707-715.

[222] 杜安道,赵敦敏,王淑贤,等.Carius 管溶样-负离子热表面电离质谱准确测定辉钼矿铼-锇同位素地质年龄[J].岩矿测试,2001,20(4):247-252.

[223] 杜安道,屈文俊,李超,等.铼-锇同位素定年方法及分析测试技术的进展[J].岩矿测试,2009,28(3):288-304.

[224] DU A D,WU S Q,SUN D Z,et al. Preparation and certification of re-Os dating reference materials:molybdenites HLP and JDC[J]. Geostandards and Geoanalytical Research,2004,28(1):41-52.

[225] SMOLIAR M I,WALKER R J,MORGAN J W. Re-Os ages of group IIA,IIIA, IVA,and IVB iron meteorites[J]. Science,1996,271(5252):1099-1102.

[226] 蒋少涌,杨竞红,赵葵东,等. 金属矿床 Re-Os 同位素示踪与定年研究[J]. 南京大学学报(自然科学),2000,36(6):669-677.

[227] FOSTER J G,LAMBERT D D,FRICK L R,et al. Re-Os isotopic evidence for genesis of Archaean nickel ores from uncontaminated komatiites[J]. Nature,1996,382(6593):703-706.

[228] MAO J W,ZHANG Z C,ZHANG Z H,et al. Re-Os isotopic dating of molybdenites in the Xiaoliugou W (Mo) deposit in the northern Qilian Mountains and its geological significance[J]. Geochimica et Cosmochimica Acta,1999,63(11/12):1815-1818.

[229] 曲晓明,侯增谦,李佑国. S、Pb 同位素对冈底斯斑岩铜矿带成矿物质来源和造山带物质循环的指示[J]. 地质通报,2002,21(11):768-776.

[230] 周维德,张正伟,袁盛朝,等. 西藏尼木县白容斑岩型铜钼矿床特征及成矿期次[J]. 矿物岩石地球化学通报,2014,33(2):177-184.

[231] 李光明,芮宗瑶. 西藏冈底斯成矿带斑岩铜矿的成岩成矿年龄[J]. 大地构造与成矿学,2004,28(2):165-170.

[232] 王保弟,许继峰,陈建林,等. 冈底斯东段汤不拉斑岩 Mo-Cu 矿床成岩成矿时代与成因研究[J]. 岩石学报,2010,26(6):1820-1832.

[233] 侯增谦,郑远川,杨志明,等. 大陆碰撞成矿作用:I. 冈底斯新生代斑岩成矿系统[J]. 矿床地质,2012,31(4):647-670.

[234] GAETANI M,GARZANTI E. Multicyclic history of the northern India continental margin (northwestern Himalaya) (1)[J]. AAPG Bulletin,1991,75:1427-1446.

[235] ZHU D C,PAN G T,CHUNG S L,et al. SHRIMP zircon age and geochemical constraints on the origin of lower Jurassic volcanic rocks from the yeba formation,southern gangdese,south Tibet[J]. International Geology Review,2008,50(5):442-471.

[236] ZHU D C,ZHAO Z D,PAN G T,et al. Early Cretaceous subduction-related adakite-like rocks of the Gangdese Belt,southern Tibet:products of slab melting and subsequent melt-peridotite interaction[J]. Journal of Asian Earth Sciences,2009,34(3):298-309.

[237] ZHU D C,MO X X,ZHAO Z D,et al. Presence of Permian extension- and arc-type magmatism in southern Tibet:Paleogeographic implications[J]. Geological Society of America Bulletin,2010,122(7/8):979-993.

[238] 黄勇,丁俊,李光明,等. 西藏朱诺斑岩铜-钼-金矿区侵入岩锆石 U-Pb 年龄、Hf 同位素组成及其成矿意义[J]. 地质学报,2015,89(1):99-108.

[239] 孟祥金,侯增谦,高永丰,等. 西藏冈底斯成矿带驱龙铜矿 Re-Os 年龄及成矿学意义[J]. 地质论评,2003,49(6):660-666.

[240] 曲晓明,侯增谦,李振清. 冈底斯铜矿带含矿斑岩的 $^{40}Ar/^{39}Ar$ 年龄及地质意义[J]. 地质学报,2003,77(2):245-252.

[241] 王立强,唐菊兴,陈毓川,等. 西藏邦铺钼(铜)矿床含矿二长花岗斑岩 LA-ICP-MS 锆

石 U-Pb 定年及地质意义[J]. 矿床地质,2011,30(2):349-360.

[242] 周雄,温春齐,张贻,等. 西藏邦铺钼铜多金属矿床辉钼矿 Re-Os 年代学及地质意义[J]. 矿物岩石,2013,33(2):59-64.

[243] 芮宗瑶,陆彦,李光明,等. 西藏斑岩铜矿的前景展望[J]. 中国地质,2003,30(3):302-308.

[244] MASTERMAN G J,COOKE D R,BERRY R F,et al. Fluid chemistry,structural setting,and emplacement history of the Rosario Cu-Mo porphyry and Cu-Ag-Au epithermal veins,collahuasi district,northern Chile[J]. Economic Geology,2005,100(5):835-862.

[245] WILSON A J,COOKE D R,HARPER B L. The ridgeway gold-copper deposit:a high-grade alkalic porphyry deposit in the Lachlan fold belt,new south Wales,Australia[J]. Economic Geology,2003,98(8):1637-1666.

附录　图版及说明

图版 Ⅰ

1. 岗讲矿区全景图
2. 岗讲东段矿化体露头及产状(古清沟北坡 PD02 坑口北东约 150 m 处)
3. 岗讲南段矿化体露头及产状(古清沟北坡沟底)
4. 岗讲北段矿化体露头及产状(探槽 XTC001)
5. ZK008(391 m)浸染状黄铜矿化、黄铁矿化
6. ZK406(333 m)浸染状辉钼矿化、黄铜矿化
7. QZK802(4.4 m)浸染状蓝铜矿化

图版 Ⅱ

1. ZK406(80 m)浸染状、土状孔雀石化
2. ZK1204(94 m)细脉-浸染状黄铜矿化
3. ZK1206(128.7 m)细脉-浸染状辉钼矿化
4. QZK004(53.9 m)薄膜状孔雀石化
5. ZK306(422 m)斑团状黄铜矿化
6. ZK408(579.4 m)粗大脉状黄铜矿化
7. 二长花岗斑岩野外露头照片
8. 新鲜二长花岗斑岩照片

图版 Ⅲ

1. 二长花岗斑岩粗大的石英斑岩(十)
2. 二长花岗斑岩自形板状斜长石斑岩(十)
3. 二长花岗斑岩黑云母发生绿泥石化(十)
4. 花岗闪长斑岩较自形斜长石斑岩(十)
5. 花岗闪长斑岩半自形石英斑晶(十)
6. 花岗闪长斑岩黑云母发生绿泥石化(十)

7. 英云闪长玢岩中细粒结构（+）

8. 英云闪长玢岩中的暗色矿物和不透明矿物（黄铁矿、磁铁矿）（+）

图版 IV

1. 产于二长花岗斑岩裂隙面的鳞片状辉钼矿

2. 产于二长花岗斑岩中的粗大辉钼矿-石英脉

3. 产于二长花岗闪长斑岩裂隙面上的辉钼矿（GJPD02 平硐 101 m，辉钼矿 Re-Os 测试采样位置）

4. 产于二长花岗斑岩中的辉钼矿-石英脉（GJPD02 平硐 101 m，辉钼矿 Re-Os 测试采样位置）

5. 花岗闪长斑岩与似斑状二长花岗岩接触关系，花岗闪长斑岩发育冷凝边（颜色变深、斑晶缺失），示形成较晚

6. 英云闪长玢岩呈近直立岩脉产出于二长花岗斑岩体中

7. 英安斑岩呈岩脉状产出于二长花岗岩体中

8. 安山玢岩呈小的岩脉（宽度 10 cm 左右）侵入于二长花岗斑岩体中

图版 V

1. 沿构造破碎带发育的氧化带露头（古清沟北坡），断裂破碎带中发育有多条含黄铜矿、辉钼矿石英脉，与断裂带近乎平行

2. 氧化矿露头（古清沟北坡），见孔雀石和少量蓝铜矿构成的李泽冈环

3. 二长花岗斑岩中发育的含硫化物石英细脉（ZK1602 钻孔 120 m）

4. 含硫化物石英细脉和石英硫化物细脉相互穿插于二长花岗斑岩中（ZK1608 钻孔 200 m），前者切割后者，示形成较晚

5. 二长花岗斑岩发生钾化，生成钾长石细脉，脉内含石英、黑云母

6. 二长花岗斑岩发生硅化，形成含硫化物（辉钼矿、黄铜矿）石英脉

7. 绢英岩化阶段长石被绢云母交代，细粒浸染状黄铁矿在风化带中呈褐铁矿化

8. 绢英岩化阶段形成火烧皮（褐铁矿化）

图版 VI

1. RGM09～RGM11 岩屑采样点上方约 200 m 山坡位置强烈的褐铁矿化露头

2. RGM01 岩屑采样点观察到的北西方向山坡强烈的褐铁矿化露头

3. 沿绒岗蒙大沟岩屑采样点位 Google Earth 影像

图版 Ⅶ

1. 汤巴拉矿区 E_1d^1 凝灰岩地层，产状平缓
2. 汤巴拉矿区 E_1d^1 凝灰岩地层，产状 $220°\angle5°$
3. 汤巴拉矿区 ZK004 钻井平台
4. 含黄铜矿、磁铁矿、磁黄铁矿、孔雀石矽卡岩（滚石）
5. ZK004 钻孔 4.1 m 处岩芯
6. ZK004 钻孔 4.1 m 处岩芯切面，磁铁矿含量高
7. ZK004 钻孔 50.2 m 处岩芯
8. ZK004 钻孔 53.2 m 处岩芯

图版 Ⅷ

1. 白容北部 EH-4 剖面设计及实测线路 Google Earth 影像
2. BR007 测点附近发育绿泥石化、绿帘石化蚀变
3. BR010 测点附近发育绿泥石化、绿帘石化蚀变

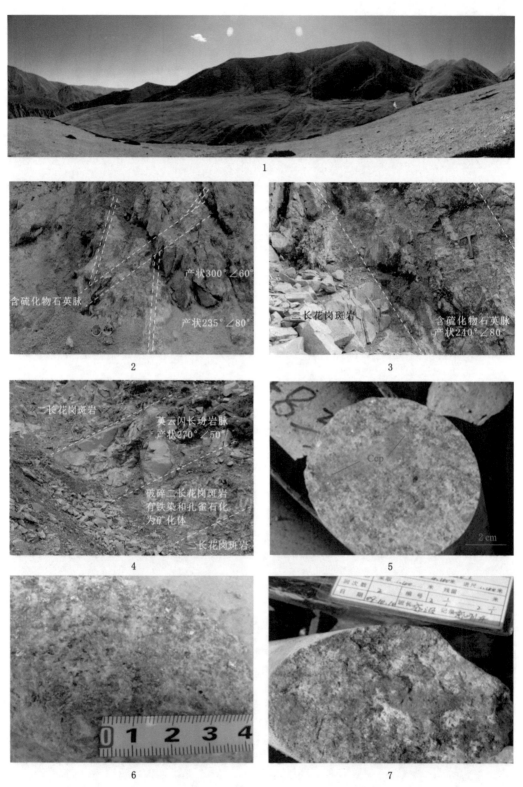

图版 Ⅰ

1

2

3

4

5

6

7

8

图版 II

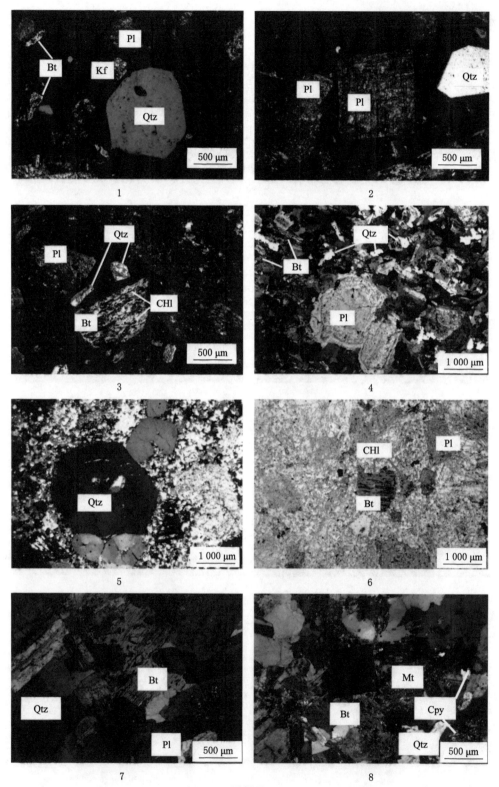

图版Ⅲ

图版 Ⅳ

图版 V

1

2

3

图版 Ⅵ

图版Ⅶ

1

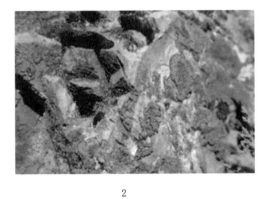

2

3

图版Ⅷ